元素楽章

GENSOGAKUSHO

擬人化でわかる元素の世界

著・イラスト
揚げ鶏々
agedoridori

元素は、世界だ

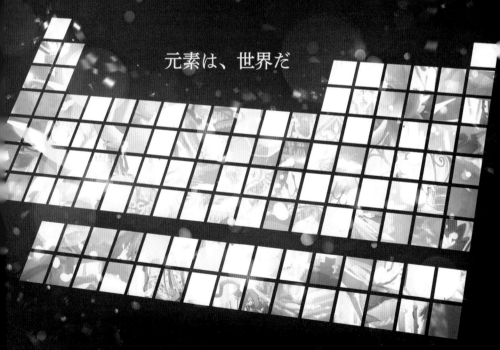

化学同人

序曲 —ようこそ元素の世界へ—

元素は人間ではありません。

当然、服も着ませんし、食事もしません。

人の言葉をしゃべるなんてもってのほかです。

では、なぜ本書に描かれている元素は人のかたちをしているのでしょうか。

元素を覚えるため？　親しみやすくするため？

これらは目的の一部であり、本質ではありません。

さて、元素とはいったい何なのでしょう。

簡単にいえば、それ以上分けられない物質の基本的な成分、あるいはその概念です。

なんだか人間とはかけ離れた存在に思える元素ですが、人間の生活や歴史にはいつも元素がそばにいます。この世界は、元素と人間のストーリーであふれているのです。

なぜなら——

「この世界は元素でできているから」

ただし、これはあくまで"人間目線"の感覚です。

ここで視点を変えて、"元素の目線"で考えてみるとどうでしょうか。

「元素が世界をつくっている」

もし元素たちが自ら生きて、動いて、歴史を紡ぐ世界があったとしたら…？

そう、元素楽章という世界の本質は元素たちのつくる物語です。

性質は性格を、法則は法律を、周期律はかれらの関係性を語っています。

さあ、純粋な物質に命が宿る世界で繰り広げられる元素たちの物語をのぞいてみましょう！

揚げ鶏々

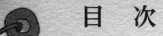

目　次

v

元 素 周

典型元素

1族

原子番号

Z

元素記号

元素名(日本名)

放射性元素

元素周期表とは…
この世の物質の基本単位である「元素」を
「周期律」に則って規則正しく配列した一覧表。
いわば元素たちの社会の縮図である。

遷移金属

希土類
4~6周期の
3族

鉄族 ---- 4周期の
8~10族

1族	2族	3族	4族	5族	6族	7族	8族	9族

1周期

1 **H** 水素	

2周期

3 **Li** リチウム	4 **Be** ベリリウム

3周期

11 **Na** ナトリウム	12 **Mg** マグネシウム

4周期

| 19 **K** カリウム | 20 **Ca** カルシウム | 21 **Sc** スカンジウム | 22 **Ti** チタン | 23 **V** バナジウム | 24 **Cr** クロム | 25 **Mn** マンガン | 26 **Fe** 鉄 | 27 **Co** コバルト |

5周期

| 37 **Rb** ルビジウム | 38 **Sr** ストロンチウム | 39 **Y** イットリウム | 40 **Zr** ジルコニウム | 41 **Nb** ニオブ | 42 **Mo** モリブデン | 43 **Tc** テクネチウム | 44 **Ru** ルテニウム | 45 **Rh** ロジウム |

6周期

| 55 **Cs** セシウム | 56 **Ba** バリウム | ランタノイド | 72 **Hf** ハフニウム | 73 **Ta** タンタル | 74 **W** タングステン | 75 **Re** レニウム | 76 **Os** オスミウム | 77 **Ir** イリジウム |

7周期

| 87 **Fr** フランシウム | 88 **Ra** ラジウム | アクチノイド | 104 **Rf** ラザホージウム | 105 **Db** ドブニウム | 106 **Sg** シーボーギウム | 107 **Bh** ボーリウム | 108 **Hs** ハッシウム | 109 **Mt** マイトネリウム |

アルカリ金属
2周期以降の
1族

アルカリ土類金属
4周期以降の
2族

| 57 **La** ランタン | 58 **Ce** セリウム | 59 **Pr** プラセオジム | 60 **Nd** ネオジム | 61 **Pm** プロメチウム | 62 **Sm** サマリウム |
| 89 **Ac** アクチニウム | 90 **Th** トリウム | 91 **Pa** プロトアクチニウム | 92 **U** ウラン | 93 **Np** ネプツニウム | 94 **Pu** プルトニウム |

期　　表

貴ガス

18族

典型元素

エイコサゲン	クリスタロゲン	ニクトゲン	カルコゲン	ハロゲン	
13族	14族	15族	16族	17族	2 He ヘリウム

5、6周期の
8〜10族

白金族 …

10族　11族　12族

			5 B ホウ素	6 C 炭素	7 N 窒素	8 O 酸素	9 F フッ素	10 Ne ネオン
			13 Al アルミニウム	14 Si ケイ素	15 P リン	16 S 硫黄	17 Cl 塩素	18 Ar アルゴン
28 Ni ニッケル	29 Cu 銅	30 Zn 亜鉛	31 Ga ガリウム	32 Ge ゲルマニウム	33 As ヒ素	34 Se セレン	35 Br 臭素	36 Kr クリプトン
46 Pd パラジウム	47 Ag 銀	48 Cd カドミウム	49 In インジウム	50 Sn スズ	51 Sb アンチモン	52 Te テルル	53 I ヨウ素	54 Xe キセノン
78 Pt 白金	79 Au 金	80 Hg 水銀	81 Tl タリウム	82 Pb 鉛	83 Bi ビスマス	84 Po ポロニウム	85 At アスタチン	86 Rn ラドン
110 Ds ダームスタチウム	111 Rg レントゲニウム	112 Cn コペルニシウム	113 Nh ニホニウム	114 Fl フレロビウム	115 Mc モスコビウム	116 Lv リバモリウム	117 Ts テネシン	118 Og オガネソン

63 Eu ユウロピウム	64 Gd ガドリニウム	65 Tb テルビウム	66 Dy ジスプロシウム	67 Ho ホルミウム	68 Er エルビウム	69 Tm ツリウム	70 Yb イッテルビウム	71 Lu ルテチウム
95 Am アメリシウム	96 Cm キュリウム	97 Bk バークリウム	98 Cf カリホルニウム	99 Es アインスタイニウム	100 Fm フェルミウム	101 Md メンデレビウム	102 No ノーベリウム	103 Lr ローレンシウム

元素のグループ
「族」

元素には「族」というグループ分け
があり、それぞれ周期表で縦の同じ
列に属する元素は同族元素として扱
われる。

一般的に、同族元素はよく似た性質
をもつが、これは偶然の産物ではな
く、そもそも周期表とは性質の似て
いる元素が1列に並ぶよう配列した
表なのである。

また、これらの「族」以外にも、
・アルカリ金属
・アルカリ土類金属
・鉄族
・白金族
・ランタノイド
・アクチノイド
とよばれる元素のグループがあり、
それぞれ似た性質をもつことで分類
されている。

…が、ここでいう「似ている」とは
あくまで化学的な挙動の話であり、
外観（容姿）や性質（性格）が同じ
という意味ではないことに注意され
たい。むしろ同族なのに正反対の生
きざまをもつ元素もいるくらいだ。

縦列が「族」
横列が「周期」

本書の楽しみ方

元素擬人化創作『元素楽章』の特徴として、世界観やキャラクターデザインの各所に「元ネタ」となる知識が散りばめられています。本書では世界観の説明とその元ネタ知識を合わせて読むことで、よりいっそう『元素楽章』の世界と元素の知識を楽しむことができます。ですから、以下のマークに留意しながら読むとよいでしょう。

 マークのある文章は『元素楽章』の設定です。

 マークのある文章は元ネタ知識です。

擬人化表現での注意点

第4楽章、第5楽章、終楽章において、ある種の同位体や原子核を解説の便宜上擬人化元素で表現することがありますが、もともと元素と原子はまったく別の概念です。

元素名の注意点

第1楽章の元素解説にも記してありますが、『元素楽章』のキャラクター名として「珪素」や「燐」など、あえてあまり使われない表記を採用している場合があります。元素名として推奨される表記は、p.vi ～ viiの元素周期表を参照してください。

 とは？

2021年3月13日より始動した元素擬人化プロジェクト。ファンタジー世界で描かれる『元ネタ』重視の学習コンテンツとして書籍やゲームを続々展開！

第1楽章

「大切なのは、手と手と手と手を取りあって、『縁』をつなぐことだ！」

元素十八重奏

生命と機械の中心元素

14族で縦に並ぶかれらは化学的性質が似ている一方、その生きざまは正反対だ。

6 C

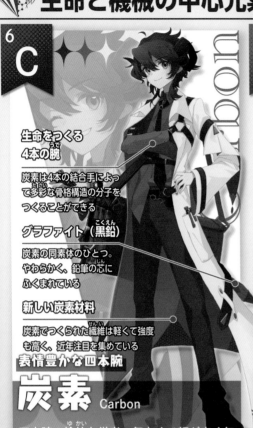

生命をつくる4本の腕

炭素は4本の結合手によって多彩な骨格構造の分子をつくることができる

グラファイト（黒鉛）

炭素の同素体のひとつ。やわらかく、鉛筆の芯にふくまれている

新しい炭素材料

炭素でつくられた繊維は軽くて強度も高く、近年注目を集めている

表情豊かな四本腕

炭素 Carbon

四本腕の愉快な学者。気さくで顔が広く年下に見られがちだが、いく千年もの時を過ごしてきており、衰えることのない発想力で新しいものを生みだし続ける天才。

同素体 ダイヤモンド

同一元素！

ダイヤモンドも黒鉛も同じ炭素の同素体。黒く柔軟な黒鉛とは異なり、ダイヤはすべての物質のなかで最も硬く透明という両極端な性質をもつ。

14族
古代生まれ
原子量 12.01
融点 3550℃
沸点 4827℃

ははは！ こんな本を読んでいるなんて勉強熱心だな！ 君、理学部に入らないか？

14 Si

ケイ素生命？

カイロウドウケツというカイメンのなかまは二酸化ケイ素の骨格をもつ

美しき水晶

水晶は二酸化ケイ素（SiO_2）の結晶である

機械的思考

単体ケイ素は半導体材料として機械に欠かせない

叡智の火打石

珪素 （ケイ素）Silicon

計算の天才で、さまざまな事象の結果をもち前の演算能力で予測する自称占い師。同族の炭素とは真逆の性格で、孤独を好み静かな生活を望んでいる。

孤高の天才

半導体材料に使われるケイ素は純度が重要であり、ケイ素以外の元素がふくまれない状態…つまりケイ素ほぼ100％の塊であることが求められる。

14族
1824年生まれ
原子量 28.09
融点 1412℃
沸点 3266℃

名の由来　火打石

縁の深い元素　C O Pb

はあ…。データがなければ占いはできねぇぞ、冷やかしなら帰ってくれ

大空を占める気体元素

目に見えないけれど最も身近にある大気。その約78%は窒素で、約21%は酸素である。

N

大空のおとなしい気体

大気のおよそ8割を占める。窒素分子（N_2）は安定で、簡単には反応しない

植物の生育に重要

窒素は肥料の三要素のひとつで、植物が大きく育つのに重要な役割をはたす

液体窒素

安価に製造でき、使いやすい液体窒素は冷却材として優秀

才色兼備の三本腕

窒素 Nitrogen

礼儀正しく眉目秀麗な学者。欠点らしい欠点は見あたらないが、優秀さゆえ周囲の元素たちから頼みごとや無理難題を押しつけられてはふり回されている苦労人。

周囲にふり回されがち？

窒素分子は反応しにくい一方、窒素と酸素の結合は爆発物をつくる。窒素と炭素の化合物は活性が高く生体に作用し、多彩な反応や効果を見せる。

15族
1772年生まれ
原子量 14.01
融点 −210℃
沸点 −196℃

■ 名の由来　硝石/窒息させる

■ 縁の深い元素　C O H

爆弾魔だとか死の空気だとか、物騒なよび名ばかり。勘弁してほしいですね…

O 8

大空の過激な気体

大気のおよそ2割を占める。活性が高く、さまざまなものと反応したり、酸化させたりする

生命を支える

生命活動に欠かせない元素で、重量にして人体のおよそ6割は酸素である

ものを燃やす

酸素には支燃性があり、空気中で物質が燃えるのも酸素とくっつくからである

ゆりかごから墓場まで

酸素 Oxygen

アスティオン大陸の輪廻を司るといわれている最高司教。永遠の命をもつ元素にとって、目まぐるしく変化する生命はどのように見えているのだろうか？

原始の酸素事情

原始の地球には、実はほとんど酸素は存在しなかった。今ここにある酸素は、はるか昔から続く光合成のいとなみによってつくられた壮大な副産物なのだ。

16族
1774年生まれ
原子量 16.00
融点 −218℃
沸点 −183℃

■ 名の由来　酸のもと

■ 縁の深い元素　H C N

世界の循環、生命のめぐり、…もちろんです。すべては導きのままに

人体で働く元素

栄養を運び、骨をつくり、あなたの身体を支えているのも、もちろん元素である。

15 P

二重らせんの鍵
リンをふくむ遺伝物質DNAは二重らせん構造をとる

火遊び名人
リンの同素体のひとつである赤リンは、マッチ箱のまさつ面に使われている

人魂もリンの仕業？
白リンは酸化により暗闇でほの暗く光る。墓場で見る人魂の正体ではないかといわれている

変幻自在の焔妖狐

燐（リン）
Phosphorus

大陸の物流を支える『明星通運』の運び屋。高い身体能力や妖力をもつが、性格は大のイタズラ好きで、日ごろから墓を荒らしたり火をつけたり、やりたい放題。

体内の「運び屋」
人体必須元素のリン。骨やDNAのほか、エネルギーを媒介するアデノシン三リン酸にもふくまれ、筋肉の収縮や細胞内の物質輸送のエネルギー源となる。

- 名の由来　光をもたらす
- 縁の深い元素　N Ca O

15族
1669年生まれ
原子量 30.97
融点 44℃
沸点 281℃

なんで自分が指定した時間に不在なんだよ!? 僕の配達っていうのに！

20 Ca

人体の礎
カルシウムは骨だけでなく、筋肉や血液にもふくまれる。十分な摂取で性格が温厚になるという説も？

建築の礎
カルシウム化合物は古代から建築資材の製造に用いられてきた

炎色反応
カルシウムはオレンジ色の炎色反応を示すため、花火の着色料にも使われる

精妙巧緻の大骨格

カルシウム
Calcium

大陸東端の民族集落「土龍郷」の長。物静かな性格で外交はほかの同族にまかせ、鍾乳洞のような奇妙な建造物のなかでいつも"なにか"に祈りをささげている。

万物の骨格
強い構造物をつくることができるカルシウムは、フッ化カルシウムや炭酸カルシウム、リン酸カルシウムなどとしてせきつい動物の骨をかたちづくっている。

- 名の由来　石灰
- 縁の深い元素　Sr Ba P

アルカリ土類金属
1808年生まれ
原子量 40.08
融点 842℃
沸点 1503℃

…毎度ごくろうさまです。動けないぼくにとって運搬は命綱ですから

鉛の日本名をもつ元素

なまり

鉛に似た性質のため、日本語名に鉛の文字が入っている2人の元素には、不思議な縁があるようだ。

えん

30 Zn / Zinc

亜鉛の華

あえん

亜鉛華とよばれる酸化亜鉛は陶芸品のゆう薬として使われ、青い花のような結晶をなす

とうげい

煌めく金管楽器のように

きらめく

金管楽器や五円玉に使われる金色の金属は、真ちゅうとよばれる銅と亜鉛の合金である

美食家元素

亜鉛は味を感じる細胞に欠かせない。栄養素で不足すると、味覚障害を引き起こす

美しき犠牲愛

亜鉛 Zinc

美食と花を愛する心優しい音楽家。「安定」を第一とする典型元素のなかで、珍しく自己犠牲の精神をもちあわせており、多くの元素から好かれている。

自己犠牲精神のもち主

亜鉛は鉄よりさびやすいため、価値ある鉄を守るために鉄のまわりに取りつけられた亜鉛は鉄の身代わりとなって消耗されていく。これを犠牲陽極とよぶ。

しょうもう

12族
中世生まれ
原子量 65.38
融点 420℃
沸点 907℃

名の由来　先端/鉛に類似する者

縁の深い元素　Bi Cu Fe

私がいうのも変だけど…この族の芸術家たちは変わり者が多いんだ

83 Bi / Bismuth

虹の結晶

にじ

単体のビスマスは銀白色の金属だが、人工結晶は幻想的な虹色の酸化被膜をまとう

げんそう
ひまく

白い塊

名の由来は白い塊とされるが諸説ある。また、かつてはおしろいとして上流階級の女性に親しまれた

胃に優しい重金属

ビスマスの化合物には比較的無害なものもあり、胃薬に使われることも

ひかく

幾何学の白虹

ビスマス Bismuth

とけかけた骸晶のような独特の外観をもつ建造物を大陸各地に残す建築家。人づきあいを避けて雪山で暮らしているため、行方を知られることはめったにない。

がいしょう

異彩の建築家

ある条件でつくられるビスマスの人工結晶は「骸晶」とよばれる幾何学的な形状になり、虹色の酸化被膜によって美しく輝く。(→p.42)

15族
中世生まれ
原子量 209.0
融点 271℃
沸点 1561℃

名の由来　白い塊

縁の深い元素　Zn Pb Sn

………………………その。

……僕の顔になにかついてるか…?

鮮烈なるハロゲン元素

単体は過激な性質で、とにかくいろんな元素と反応したがる、愉快な性格のハロゲン元素。

17 Cl

Chlorine

化学兵器

毒性が強く、空気より重い塩素は世界初の毒ガス化学兵器として使われ、多くの死者や中毒者をだした

電子大好き

あと電子1つで貴ガスと同じ安定な電子配置になれる塩素は、全元素で最大の電子親和力をもつ

漂白（ひょうはく）の力

塩素は消毒薬や漂白剤に使われている。"混ぜるな危険"で塩素が発生するのもそのためだ

緑煙纏いし安定主義者

塩素 Chlorine

危険組織「電子親和組」の組長。憧れ（あこが）のアルゴンと同じ電子配置になるためには手段（もうだん）を選ばず、猛毒の気体をまきちらし、敵も味方も無差別に攻撃する厄介（やっかい）者。

粘着（ねんちゃく）質な貴ガスオタク

塩素をふくむものがすべて危険なわけではない。食品用ラップやビニール袋など、安価で安定した素材にも幅広く使われている。

名の由来　黄緑色

縁の深い元素　Ar Na F

17族
1774年生まれ
原子量 35.45
融点 −101℃
沸点 −34℃

目ん玉かっぴらいて見やがれ！ アルゴンたんへのあふれんばかりの、この愛を!!

---

35 Br

Bromine

ブロマイド撮影（さつえい）！

臭素（しゅうそ）は写真フィルムの感光剤として使われ、ブロマイドの語源でもある

高貴な紫色

帝王紫（ていおうし）とよばれる紫色（むらさき）の染料は、貝からわずかに採れる臭素化合物で非常に高価

茶色の液体

常温液体元素のひとつ。揮発性（きはつせい）が高く、放置するとすぐ赤褐色（せきかっしょく）の蒸気になる

不燃の写像

臭素 Bromine

『ぶろみん新聞社』の記者。炎上させないスキャンダルが記事のモットー。誤情報の伝ばを防ぎつつ、淡々と真実を報道していく真のジャーナリスト。

不燃性のスクープ

難燃剤として働く有機臭素化合物をカーテンや衣服などの燃えやすい布製品に添加することで、火災による人命保護や損失防止に役立っている。

名の由来　悪臭

縁の深い元素　Cl Ag K

17族
1826年生まれ
原子量 79.90
融点 −7℃
沸点 59℃

ホホーゥ…またハロゲンの暴走事件ですか？ ま、よくあることですよね

高貴なる貴ガス元素

左のページのハロゲンとはうって変わって、どんな元素とも反応しない孤高の貴ガス元素。

Ne 10 — Neon

夜の街を照らす元素
ネオンは名前のとおりネオン管に入っている元素で、高圧放電することで赤く煌びやかに光る

何気ない日々に赤い雨を
赤色のネオン管はネオン特有の色であり、赤色以外はそのほかの貴ガスや元素が入っている

散髪屋の広告塔から
ネオン管はパリの小さな理髪店の電飾から世界中に広まった

夜街の光輝
ネオン Neon

大陸の最高裁判所長官を務める貴ガス。化学的に最安定の名は伊達ではなく、満たされた環境で超自由に生活し、常闇の地下街を明るく騒がしく照らしている。

最安定の境地
貴ガスは電子殻が満たされており、ほかの元素と反応しにくい。そのなかでもネオンは最も安定した不変の元素であるといわれている。

■ 名の由来　新しい

■ 縁の深い元素　He

18族
1898年生まれ
原子量 20.18
融点 −249℃
沸点 −246℃

時代はめぐり、新しきは古きに移り変わる。
諸君らに送るのは最先端の法廷だ。

Ar 18 — Argon

青の放電管
放電管にアルゴンを封入して電圧をかけると、青白く発光する

レイジー・オクテット
元素たちの世界において8は魔法の数字であり、最外殻に電子を8つもつアルゴンもまた、安定な元素である

働かない働き者
貴ガスなので反応しにくいが、「反応しない気体」として溶接や封入ガスなどに、結構こき使われている

ものぐさ大天使
アルゴン Argon

惰眠を好み、労働を嫌う怠惰の貴ガス。城下街エルゴンシティの町長として部下に仕事を押しつけ、自分は平和な街を見下ろしながら今日も今日とて怠けている。

怠惰なる貴ガス
化学的に不活性なアルゴンはギリシャ語で「怠け者」という名をつけられた。そんなアルゴンは今日も空気体積の1％を占めながら何もせず漂っている。

■ 名の由来　怠け者

■ 縁の深い元素　K N He

18族
1894年生まれ
原子量 39.95
融点 −189℃
沸点 −186℃

んや〜参っちゃうな、何もしてないのにみんなの役に立っちゃうなんてな〜

温泉に集まる元素

温泉が気持ちよく、健康にいいのは温泉に集まる元素たちのおかげかもしれない。

16 S

硫黄がつくる風景

火山付近に多く存在し、棚田のような幻想的な風景を自然の硫黄がつくりだすことも

湯の花

多くの温泉には硫黄分がとけており、硫黄をふくむさまざまな成分が湯の花として現れる

地獄の業火

青い炎をだして燃える硫黄は、古語でbrimstone（地獄の業火）とよばれていた

橋架ケル龍王

硫黄 Sulfur

億万の龍を従え、歩を進めたところには黄金の橋がかかるといわれる伝説的な龍王。その名声の一方で、温泉にのんびりつかっている姿がよく目撃されている。

同素体
ゴム状硫黄

同一元素！

硫黄を添加すると弾力性を高められるので、タイヤやゴムに使われている。硫黄単体も加熱するとゴム状の同素体に変化する。

16族
古代生まれ
原子量 32.07
融点 113℃
沸点 445℃

わしのことを風呂につかってばかりの老人とよんだのはうぬめか？　よい度胸じゃ

86 Rn

関西の花こう岩より

ラドンはウランの崩壊系列で発生する。ウランをふくむ花こう岩は関西に多く分布するため、関西はラドン濃度がやや高い

放射性同位体のみ

ラドンは安定同位体が存在せず、しだいに放射線を放ち崩壊する

湯にとけこむ貴ガス

温泉水にとけこんでいるラドンの量が多い温泉はラドン泉とよばれ、健康によいとうわさされている

万病の秘湯

ラドン Radon

温泉宿『掘美詩荘』の経営者を務める貴ガス。関西弁でうさん臭い健康グッズを売りつける癖があるが、温泉の心地よさはまちがいないようだ。

健康的？ ラドン温泉

一般的には人体に害をなす放射線が、わずかな量ではむしろ刺激されて健康になるという現象をホルミシス効果というが、因果関係は明らかではない。

■ 名の由来　ラジウム

■ 縁の深い元素　Ra Th Ac

18族
1900年生まれ
原子量 （222）
融点 −71℃
沸点 −62℃

あ〜っと、アンタ、そのへんにしとき？このアメちゃんあげるから、な？

翠緑の元素

緑色の宝石ベリルにふくまれるベリリウムと、
緑色の葉をつくるマグネシウムは縦並びの2族元素だ。

Be

12 Mg

緑柱石
ベリリウムをふくむ鉱石。
緑色ならエメラルド、青
色ならアクアマリンである

デーモンコア
金属ベリリウムは中性子をよく反
射するため、あの悪名高いデー
モンコアの実験で用いられた

極地で輝く金属
軽くて優秀な性質をもつが高価で毒性が高いため、
宇宙などのような特異な環境で用いられている

翠緑の観測者

ベリリウム
Beryllium

お菓子づくりと恋が趣味の物理学者。富や
名声に一切の興味を示さず、可憐な見た目
に反して過酷な環境での現象や観測に造詣
が深い。

甘いものには毒がある
ベリリウム化合物は甘いため、
かつては「甘い」にちなんだ名
前でよばれていた。しかし、そ
の甘さとは裏腹にベリリウムの粉
塵は非常に毒性が高い。

2族
1798年生まれ
原子量 9.012
融点 1287℃
沸点 2472℃

■ 名の由来　緑柱石

■ 緑の深い元素　Mg Al Cu

クーロン障壁…わずらわしいですわ、
あと一歩をどう踏みこめばよいのでしょう？

葉緑素の中心
葉緑素の中心にふくまれ、
植物の活動に重要な光合成
の働きを支えている

人にも欠かせない
人体に必須な元素で、多く
は骨に存在し、骨の成長と
いった役割を担っている

よく燃える白い金属
実用的な金属だが非常に燃えやすく、薄
いリボンであれば簡単に火をつけられる

光浴びる白磁

マグネシウム
Magnesium

妖精の姿をした自称「森の主」。その正体
は大陸に大きな影を落とす世界樹そのもの
であるが、本人は気にせずにいつも木や海
のうえで日向ぼっこをしている。

軽い実用金属
実用金属のなかで最も軽く、
軽さに定評のある13番元素ア
ルミニウムと比べても約3分の2
の重さであり、航空機や自動車
の軽量化に役立っている。

2族
1808年生まれ
原子量 24.31
融点 650℃
沸点 1095℃

■ 名の由来　白いマグネーシア

■ 縁の深い元素　Al Be Mn

……………むにゃ…おとうふ…

古くから知られる有毒元素

古来より人類と歴史をともにしてきた、有毒元素の世界。

80 Hg

常温液体金属

唯一の常温液体金属であり、かつては神秘性から不老不死伝説と結びつけられていた

朱色の原料

鳥居や朱肉で日本人になじみ深い朱色は硫化水銀の色である

逃げ回る指名手配犯

水銀は表面張力が大きく、平らな面にこぼすと球状になりコロコロと散らばる

ウソツキ賢者の石

水銀 Mercury

大陸中で名高い常温液体の奇術師。他人から心酔されることを生きがいとしており、自身が全知全能であるかのように立ちふるまうナルシスト。

謀は密なるをよしとす

猛毒のはずの水銀はかつて素晴らしい物質としてもてはやされた。即効性の毒ではないため、何世紀も毒性を隠しながら徐々に人びとを蝕んでいたのだ。

- 名の由来　メルクリウス/銀
- 縁の深い元素　Pb C S

12族
古代生まれ
原子量 200.6
融点 −39℃
沸点 357℃

これも演出であり、ショーの一環さ。
長寿の薬で人が死ぬわけないだろう？

82 Pb

少しずつ蝕む毒

鉛の毒には蓄積性があり、徐々に症状が現れる

耀きを増すように

鉛を添加したガラスは光の屈折率が普通のガラスより高く、ダイヤのように煌めく

黄色い鉛ガラス

鉛は放射線をしゃへいする能力が高く、放射線をあつかう部屋の窓ガラスに混ぜられている

甘美なる毒蛇

鉛 Lead

大陸中で知らないものはいないといわれる世界的劇団役者。いく千もの役を演じ観客を惑わすその視線には、本人の意思は一切宿っていないかのようである。

毒は一日にして成らず

鉛の毒は神経を侵し麻ひや脳障害の原因になる。酢酸鉛入りのワインや鉛の水道管により徐々に蓄積された鉛の毒がローマ皇帝を暴君に変えたとの説もある。

- 名の由来　流れるようにやわらかい
- 縁の深い元素　Sn Bi Zn

14族
古代生まれ
原子量 207.2
融点 328℃
沸点 1750℃

役にとらわれない。私は自由なのよ。
だから人のように迷えるの

大昔において、有毒元素はさまざまな塗料や材料に使われ、人びととかかわりをもってきた。だが毒性の危険性が人びとにばれると状況は一変し、有毒元素はほかの物質に代替され、とう汰される道筋をたどる。それでも今なお「代替できない分野」ではかれらの活躍を見ることができる。

33 As

毒と薬は紙一重
毒薬として名高い亜ヒ酸はそのままの組成で急性前骨髄球性白血病の治療薬になる

パリスグリーン
ヒ素をふくむ緑色の顔料は壁紙やドレスに使われたが、当然多くの死者をもたらした

功罪相半ば？
毒素として名高いヒ素だが、草食動物や人間にとって必須元素ではないかと提唱されている

ドジっ子黄色魔導師
砒素 (ヒ素)
Arsenic

見た目の可愛らしさにそぐわぬ怨みや欲望をかかえている魔道師っ子。さまざまな暗殺計画を実行してきたがつめが甘く、かなりの確率で計画がバレている。

相続の魔法
ヒ素は簡単に入手できたため、遺産相続のための殺人によく使われた。貴族が銀の食器を愛用していたのも、ヒ素毒を化学反応で検出し毒殺を防ぐためである。

15族
中世生まれ
原子量 74.92
融点 817℃
沸点 603℃

■ 名の由来　雄黄

■ 縁の深い元素　Ga Hg Tl

ち…ちがうわ！ 私は遺産を守りたかっただけなの！ 殺人なんかじゃないわ！

51 Sb

アイシャドウ
硫化物はアイシャドウとして使われクレオパトラも愛用していたという説もある

人好きの半金属
アンチモンは毒をもちながらも古くは硬貨や顔料として、現在は難燃剤や合金として活躍している

活字合金
アンチモン合金は体積変化が小さく、活版印刷の活字合金に使われていた

唄う僧殺し
アンチモン
Antimony

大陸有数の礼拝施設、『スティビ大聖堂』の修道士。昼は聖書の活字印刷をおこなう一方、夜間は人知れず祓魔師として聖堂周辺の平穏を守っている。

毒をもって毒を制す
アンチモンの杯に入れたワインを飲むとはき気をもよおすことから、体の毒をだす薬や下剤として利用されていた。

15族
中世生まれ
原子量 121.8
融点 631℃
沸点 1587℃

■ 名の由来　アイシャドウ

■ 縁の深い元素　S Pb Sn

懺悔をはきだすにはまだ早い、夜がふけるまで雑談につきあってやろう♪

合金をつくる遷移金属

金属をほかの金属元素と混ぜると元の金属とはまたく異なる性質をもった合金を得られることも。

25 Mn

海底にひそむ赤
鉱山から採掘されるのはもちろん、海底にもマンガン資源は多く存在する

引っ張りに強い
鉄に加えると高張力や耐摩耗性をもつ合金をつくりレールや橋梁に使われる

おなじみの電極材料
マンガン乾電池とアルカリ乾電池はどちらも二酸化マンガンを正極に用いている

臙脂の雷刃

マンガン
Manganese

武器開発を生業としている鍛冶屋の金属。抜群の鍛造センスと人脈をもっており、さまざまな遷移金属と協力して特殊な合金武器をつくりだすのが特技である。

華麗な赤の戦士
マンガンは銀白色の金属。鉱物の菱マンガン鉱は透き通った赤色やピンク色をしており、美しいものはインカローズとして宝飾品に使われる。

7族
1774年生まれ
原子量 54.94
融点 1246℃
沸点 2062℃

■ 名の由来　黒いマグネシア

■ 縁の深い元素　Fe Cu Mg

にひひ、毎度あり〜。いらない武器も売ってくれないか？再利用するからさ

26 Fe

鮮血の少女
人体に存在する鉄の65%ほどは、赤血球のヘモグロビンに存在する

鋼鉄の少女
鉄鉱石から直接得られる銑鉄を精錬し、炭素を減らすことで強靭な鋼鉄が得られる

刃金の少女
鋼は刃に使われる金属であるという意味から刃金とよばれるようになった

星ノ核

鉄
Iron

遷移金属軍の元帥。堂々たる信念と義侠心のもち主で多くの金属から支持を集めている。正義の鉄槌は貴金属と卑金属の平等社会実現のために…。

この星の中心に
鉄は地殻で4番目に多い金属として身近な存在。実はあなたの足元のさらに奥深くにある地球の核も、ほとんど鉄でできているといわれている。

鉄族
古代生まれ
原子量 55.85
融点 1536℃
沸点 2863℃

■ 名の由来　血

■ 縁の深い元素　Mn S C

平和なのはいいことだが…腕が鈍ってさびを生やしているようでは示しがつかん

典型元素と対をなす遷移金属は、周期表上で横並びの元素どうしには似た性質をもつことがある。
なお、合金とその性質についてはp.76を参照。

27 Co

赤青のクロモトロピズム
塩化コバルトは水を吸収することで青色から赤色に変色するため、乾燥剤の交換目印になる

摩耗にも負けず
コバルト合金は硬く摩擦に強いため、理容バサミなどの刃物に使われる

食欲第一
コバルトは人体に必須な元素であり、不足すると食欲減退や悪性貧血を引き起こす

鉄の左腕
コバルト
Cobalt

遷移軍の軍人。お嬢様口調でしゃべるが平民出身で、稼いだお金のほとんどは故郷の村に送っている。貧しい土地で育った経験からか、摩擦にめっぽう強い。

コバルトブルー
金属のコバルトは銀白色だが鮮やかな美しい青色着色料のアルミン酸コバルト、いわゆるコバルトブルーのほうが有名かもしれない。

鉄族
1735年生まれ
原子量 58.93
融点 1495℃
沸点 2930℃

■ 名の由来　山の精霊

■ 縁の深い元素　Ni Fe Ag

オホホッ！　とどまることを知らないわたくしの食欲…目指すは探検家ですわ！

28 Ni

銅の悪魔
ニッケルの鉱物は銅に似ているのに銅が得られないことから、銅の悪魔とよばれていたのが名の由来

青緑のイオン
ニッケル化合物の溶液の多くは、美しいエメラルドグリーン色である

動物に嫌われる？
加工しやすくメッキにもよく使われるが、金属アレルギーを引き起こすという難点も

鉄の右腕
ニッケル
Nickel

遷移軍の軍人。攻撃を受けるほど防御が固まるとして有名な「不動隊」の隊長。いつも落ち着いたようすであり、激昂するコバルトをなだめている姿がよく目撃される。

腐食に負けない不動態
ニッケルは表面に不動態被膜とよばれる酸化被膜をつくることで酸化の進行を食い止める性質があるため、非常に腐食に強くメッキ材に多用されている。

鉄族
1751年生まれ
原子量 58.69
融点 1455℃
沸点 2890℃

■ 名の由来　悪魔

■ 縁の深い元素　Co Fe Cu

コバちゃん、それ健啖家じゃないかな…

富の象徴たる元素

<ruby>象徴<rt>しょうちょう</rt></ruby>

装飾や貨幣として人類の富の象徴で<ruby>貨幣<rt>かへい</rt></ruby>あり続けている貴金属と卑金属。

78 Pt

宝飾品の貴金属

耐食性に優れ、いつまでも美しい銀白色を失わないため宝飾品としてゆるぎない人気をほこる

来たときよりも美しく

プラチナは優秀な<ruby>触媒<rt>しょくばい</rt></ruby>になり、自動車の<ruby>排気<rt>はいき</rt></ruby>ガスを浄化する三元触媒にも欠かせない元素である

すべての悪に<ruby>抗<rt>あらが</rt></ruby>う金属

プラチナ化合物のシスプラチンは抗がん剤として数多くのがん治療に役立っている

貴・白
プラチナ (白金)
Platinum

白金族を束ねるリーダーでありトップクラスの貴金属に分類されるお嬢様。世間知らずな一面もあるが、美しいこの世界を守るために、つねに最前線で戦っている。

安定だからこその高貴

プラチナ（白金）は酸に対する耐食性が非常に高く、金と同じように王水以外にはとけない。皿にして何を入れてもシミひとつできない、けがれなき元素である。

白金族
古代-中世生まれ
原子量 195.1
融点 1769℃
沸点 3827℃

■ 名の由来　小さな銀/白い金

■ 縁の深い元素　Ir Au As

お日様の当たらぬ所でも美しさを保つのは、貴族として当然の責務ですから

79 Au

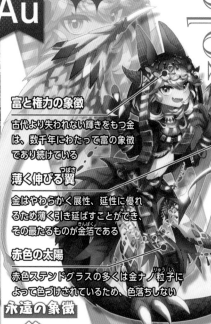

富と権力の象徴

古代より失われない輝きをもつ金は、数千年にわたって富の象徴であり続けている

薄く伸びる<ruby>翼<rt>つばさ</rt></ruby>

金はやわらかく展性、延性に優れるため薄く引き延ばすことができ、その最たるものが金箔である

赤色の太陽

赤色ステンドグラスの多くは金ナノ粒子によって色づけされているため、色落ちしない

永遠の象徴
金 Gold

心優しい黄金の竜は貧しい人びとに黄金を分け与えたが、かえって争いの火種になってしまい、心を<ruby>痛<rt>いた</rt></ruby>めた竜は自らを<ruby>神殿<rt>しんでん</rt></ruby>に封印した…という伝承がある。

害のない高級演出

高級感を演出するために料理に<ruby>金箔<rt>きんぱく</rt></ruby>が乗せられていることがある。金は安定で変化しないため食べてもまったく無害で、当然栄養にもならず体を素通りする。

11族
古代生まれ
原子量 197.0
融点 1064℃
沸点 2857℃

■ 名の由来　太陽の輝き

■ 縁の深い元素　Ag Cu

これくらい当然よ！
わたしがいっちばんなんだから！

古代から知られている9つの元素のうち3つは金銀銅であり、なじみ深いこの3つの金属は11族で縦に並んでいる。当然古代に周期表などなく、太古から富を象徴してきた3つの金属が実は同族元素だったとは壮大なロマンを感じずにはいられない。

47 Ag

最も明るく輝く鏡
銀は全元素のなかで最高の光反射率をもつため、鏡はガラスに銀膜を貼ってつくられる

銀は真実を映す
銀は鏡だけでなく、写真の感光剤としても世界の真実を映しだしてきた

銀の弾丸は悪を討つ
銀には殺菌作用があるためか、銀の武器には吸血鬼や魔女へ対抗できる力があると古くから信じられていた

鏡の国の貴金属

銀 Silver

自身の力でつくりだした美しい鏡の国にひっそりと暮らしている貴金属。大昔にばらばらになってしまった兄弟、金と銅のことを何千年も想っている。

かつては金よりも高価
銀はかつて金を超える価値がつけられていたが、大量に流通するようになり今の価値に落ち着いた。それでもやはり貴金属としての地位は失っていない。

- 名の由来　輝く
- 縁の深い元素　Au Cu S

11族
古代生まれ
原子量 107.9
融点 962℃
沸点 2162℃

…金属としての価値など気にせずに、あの子たちが笑いあえたら…

29 Cu

最古の赤い金属
銅は人類が出会った最初の金属であり、ともに青銅器時代を築いた仲間である

色とりどりの合金
銅はさまざまな色の合金をつくり、一円玉以外の硬貨もすべて銅または銅の合金である

青のイオン
銅イオンは美しい青色。鉄の代わりに銅を血液に使っているイカの血液も青い

人の国の卑金属

銅 Copper

古代より存在する金属竜の1人。貴金属の兄弟とは大昔に別れて卑金属の運命を歩んでおり、町の人びととなじみ町工場の傍ら(かたわ)で暮らしている。

電気を運ぶ金属
銅は全元素で2番目の電気伝導性をもつ。1番の銀が高価であるため、電線にはおもに安い銅が使われ、多量の電気を利用する現代文明を支えている。

- 名の由来　キプロス島
- 縁の深い元素　Sn Zn Ni

11族
古代生まれ
原子量 63.55
融点 1085℃
沸点 2571℃

あれ、もしかしてまたあたし背伸びた？
ヤーン・テラー変形かな、うーん…

神話上で親子の元素

周期表で縦に並ぶ5族のニオブとタンタルは
命名由来の神が親子関係なのだ。

41 Nb

有力な超伝導素材

ニオブ合金は一定環境で電気抵抗（でんきていこう）が
ゼロになる超伝導素材としてリニア
モーターカーに使用されている

自慢好きの末路

命名元のニオベーはたくさん子ども
がいることを女神に自慢（じまん）して怒（いか）りを
買い、子どもをみな殺しにされた

タンタルとおそろいの色

銀灰色の金属だが、陽極酸化に
より多彩な色の酸化被膜をつくる

悲運の涙石

ニオブ
Niobium

タンタルと一緒に冥界（めいかい）に住んでいる金属元
素。高慢な性格で何よりも自慢話が大好
き。唯一自慢話を聞いてくれるタンタルを
家族のように思っている。

タンタルの娘

タンタルと似た性質をもち、
同じ鉱石から発見されたニオブ
は、タンタルの名の由来である
タンタロス王の娘であるギリシャ
神話の女王ニオベーに由来する。

■ 名の由来　ニオベー

■ 縁の深い元素　Ta Sn W

5族
1801年生まれ
原子量 92.91
融点 2468℃
沸点 4742℃

こんなこともできないなんて！
あたしが手伝ってあげよっか～？

73 Ta

人工関節

タンタルは腐食に強く折れず
に曲がるため、人工関節な
どの医療素材に使われている

望まぬ争い

タンタル鉱石はさまざまな電子
機器の生産に欠かせない一方、
多くの紛争（ふんそう）原因となっている

タンタルコンデンサー

電子機器の小型化に欠かせないタンタルコンデン
サーがタンタルの膨大（ぼうだい）な需要（じゅよう）をもたらしている

強権の罪人

タンタル
Tantalum

冥界に住んでいる悲運の金属元素。とある
罪（ばつ）の罰としてかけられた呪（のろ）いにより、自由
に動けない自身を気にかけてくれるニオブ
を我が子のように思っている。

タンタロスの名

タンタルの分離（ぶんり）、発見の困難
さをギリシャ神話の王タンタロ
スが受けた壮絶な苦しみにあて
て命名された。ニオベー同様、
こちらも神の怒りを買っている。

■ 名の由来　タンタロスの苦痛

■ 縁の深い元素　Nb W

5族
1802年生まれ
原子量 180.9
融点 2985℃
沸点 5510℃

ニオブは本当にいい子なんだ。確かに
性格には難があるかもしれないけれど…

1 Sc

ナイター試合に革命を

スカンジウムを使ったランプは太陽光に似た光を放ち、スポーツ場を明るく照らす

高級バット

スカンジウム・アルミニウム合金は軽さと強度を兼ね備え、バットや自転車フレームに使われる

スカンジナビアより

発見者の祖国で、原鉱石の産地であるスウェーデンの古名スカンジナビアより命名された

球場の太陽

スカンジウム
Scandium

巨人族の野球選手。図体に反して小心者で極度のオバケ恐怖症だが、笑いのセンスが独特でチームメイトからはオバケよりも奇妙な存在としてあつかわれている。

巨人スカジの名

スカンジナビアは北欧神話に登場する巨人スカジに由来する。神話は異なるが、周期表でとなりのチタンも同じ巨人を名にちなむ。

3族
1879年生まれ
原子量 44.96
融点 1539℃
沸点 2831℃

名の由来　スカンジナビア

縁の深い元素　V Al Ti

ちちちょっと待ってあの白い影は何!?
オバケ!?!?…な、なんだチタンか…

22 Ti

すべて真っ白に！

二酸化チタンは白く安全性も高いため顔料や化粧品として親しまれている

光触媒だよ！

酸化チタンは紫外線を吸収し有機物の汚れを分解する優秀な「掃除屋」である

チタンのグラデーション！

電解液中でチタンに電流を流すと美しい色の酸化被膜ができ、アクセサリーとしても人気

心優しい白き巨人

チタン
Titanium

自称清掃業者の店主を務める巨人族の金属。本人は掃除といっているが、戦闘のことを「掃除」と勘ちがいしており、顧客の敵を一掃してキレイにする元気な元素。

巨人タイタンの名

名の由来はギリシャ神話に登場する巨人タイタン。神話上で天空神ウーラノスと地母神ガイアの子どもであり、かれらもまた、ウランとテルルに関係する。

4族
1791年生まれ
原子量 47.87
融点 1666℃
沸点 3289℃

名の由来　巨人タイタン

縁の深い元素　Mo Cu W

や―！　みんな！　お掃除の時間だゾ―!!
チタン、今日もがんばるゾ―!!!!!

ランタノイドファミリー

ランタノイド元素はみな似た性質でとても仲
し。いい方を変えると、分離がとても難しい

57 La

はずかしがり屋？

36年間もセリウムの陰に隠れ発見
されなかったことから「気づかれな
い」という意味の名をつけられた

光灯すミッシュメタル

ランタンをふくむ鉱石と鉄の合
金は衝撃により火花を散らす
ため火を灯すのに使われる

水素吸蔵合金

ランタンとニッケルの合金は内部のすき
間に水素を効率よく安全に貯蔵できる

地底に光灯す隠れん坊

ランタン
Lanthanum

地底の国『サモンダルア』の国王様。努力
家だが王の風格はなく、極度のはずかしが
り屋ゆえに人前に出れば親友のセリウムの
背後に隠れるばかりである。

ランタノイド

ランタノイドとは「ランタン
のようなもの」という意味であ
り、それに属する15種の元素は
確かにランタンと非常に似た性
質。それゆえに分離が難しい。

名の由来　気づかれない

縁の深い元素　Ce H Fe

ランタノイド
1839年生まれ
原子量 138.9
融点 920℃
沸点 3461℃

あ、あぅう…その、外交とかはちょっと…
ど、どうしてもやんなきゃダメですか…

58 Ce

視界良好！

酸化セリウムは紫外線を吸収するた
めUVカットガラスに、またガラス
中の不純物の色消しにも使われる

原石の磨き人

安価で手に入る酸化セリ
ウムは価値ある宝石やガ
ラスの研磨剤として優秀

公害から民を守る

自動車のエンジンで触媒として働き、排気
ガスの有害成分を除去するのに役立っている

地底の開拓者

セリウム
Cerium

ランタノイド列島の地下を開拓し、都市を
築いた偉大なる開拓者。姉御肌の人格者で
あり、希土類の仲間からはセリアという旧
名で親しまれている。

ランタノイドの先導者

存在量に知名度が見あわない
セリウムはランタノイドのなか
で最も豊富に存在し、その量は
銅を超える。ランタノイドで最
初に発見された元素でもある。

名の由来　準惑星ケレス

縁の深い元素　La O

ランタノイド
1803年生まれ
原子量 140.1
融点 799℃
沸点 3426℃

アハハ！アンタはやればできるんだから、
胸張っていきなよ、国王様！！

ランタノイドについてはp.79を参照。

9 Pr

光から目を守る

プラセオジムを添加したガラスは青や黄の光を吸収し、ガラス職人や溶接工の目を光から守る

鮮やかな黄色塗料

酸化プラセオジムは熱に強い黄色の顔料となるため、陶磁器のゆう薬として使われる

緑色から命名

化合物がニラやネギのような緑色だったため、明るい緑色を意味する言葉から命名された

青喰いの加美良

プラセオジム
Praseodymium

溶接工の職人。ネオジムと反対の大人しい気性であるため「双子に見えない！」とよくいわれるが、そもそも双子ではない。

ジジミウムの片割れ

かつてランタンと同時に発見され、単一の元素だと思われていたジジミウム（ギリシャ語で双子の意味）から分離されたのがプラセオジムとネオジムである。

■ 名の由来　萌葱、双子

■ 縁の深い元素　La Zr Co

ランタノイド
1885年生まれ
原子量 140.9
融点 931℃
沸点 3512℃

---

60 Nd

イヤホンのなかに

ネオジム磁石として軽量で高性能なスピーカーやモーター製品に活用されている

最強磁石

ネオジム磁石は一般的な磁石の10倍以上の磁力をもつ最強の永久磁石である。ただし熱に弱い点や、強すぎる磁力ゆえに時計や電子機器を狂わせる点に注意が必要

黄喰いの磁石

ネオジム　Neodymium

交通誘導員として働く仕事人。地底世界の複雑な交通事情のなか、磁力の力で一方通行の道をつくり、事故を防ぐ整備のプロ。

ジジミウムのもう片方

ジジミウムの名前を受けついでいるが、ジジミウムは「ランタンの双子」の意味で命名されたため、プラセオジムとネオジムが双子という意味ではない。

■ 名の由来　新しい、双子

■ 縁の深い元素　La Fe B

ランタノイド
1885年生まれ
原子量 144.2
融点 1021℃
沸点 3068℃

あー、ネオジム？ いや、双子じゃないっスよ。まあよくまちがえられるっスけど

へへ！ ここは最強磁石の占領下だよ！さあさあみんな、前にならえー！

19

43 Tc

人工的につくられた初の元素
テクネチウムは自然界に存在せず、初めて加速器で人工的に合成、発見された元素である

ミルキング
医療用テクネチウムをしぼりだす操作は乳しぼりに似ていることから、ミルキングとよばれている

数奇なる運命
最も原子番号の若い放射性元素であり、地球誕生時に生まれたテクネチウムはすべて崩壊したと考えられる

空席のマリオネット
テクネチウム
Technetium

泉の一軒家に住まう失踪しがちな放浪の人形使い。動くものを追いかける不思議な人形をあつかっている。主人の居場所は人形に聞けばわかるかもしれない。

活性部位に集まる人形
体に投与されたテクネチウムは骨の代謝が盛んな部位に集まるため、体内のテクネチウム分布からがんの骨転移を調べる放射性診断薬になる。

7族
1937年生まれ
原子量（99）
融点 2172℃
沸点 4877℃

■ 名の由来　人工の

■ 縁の深い元素　Mo U

つくられたものにも命は宿るんです。
たとえ、みなから忘れ去られても…

84 Po

一服、どう？
暗殺に使われるような猛毒だが、実はわずかながらタバコに蓄積されることが知られている

潔癖症のこだわり
ポロニウムは物にホコリがつかないよう静電気を除去するブラシや装置に用いられる

鮮烈な放射線
ポロニウムは天然ウランの100億倍にもなる鮮烈な放射線量のアルファ線を放つ

輝ける愛国魂
ポロニウム
Polonium

工学を研究するエンジニアギャル。天性のモノづくりの才がありながら最大瞬間火力にこだわる癖があり、意味のわからない兵器ばかりを量産発明している。

謎の死は暗殺か
放射性毒性が高く、わずかな量でもヒトは死に至る。さらに水溶性が高いため、手に入りさえすれば暗殺にもってこいの猛毒であり、実際に事件も発生した。

16族
1898年生まれ
原子量（210）
融点 254℃
沸点 962℃

■ 名の由来　ポーランド

■ 縁の深い元素　Be U Cm

おつおつ～♪ 相変わらず真面目だね～
てか、あーしとお茶しな～い？

U
2

Uranium

核燃料の元素
ウランは質量数235の同位体が核分裂の連鎖反応を起こすため、核燃料に使われる

骨に蓄積
自然界に存在するウランを食事から摂ると、多くは骨に取りこまれる

緑色のウランガラス
ウランを着色剤として加えたガラスは紫外線を当てると黄緑色の蛍光を放つ

無垢なる天ノ神
ウラン
Uranium

大陸を追放された放射性元素の1人。発熱体質があり、つねに体に冷却水を循環させている。自身の才能とプライドのあいだでゆれ動く、情緒不安定な面がある。

自然界にある放射性元素
ウランは自然界に採掘できるほどの量が存在する。最初に発見された放射性元素だが、放射能の存在が確認されたのはウラン発見から100年後である。

■ 名の由来　天王星

■ 縁の深い元素　Pu F Es

アクチノイド
1789年生まれ
原子量 238.0
融点 1132℃
沸点 4172℃

私たち、恵まれた存在だよね？
安定がうらやましいわけじゃないけど…

Es
99

Einsteinium

水を愛する元素
海に囲まれた島の実験で発見された元素であり、水分子との結合距離が極端に短い

雲の塵から発見
世界初の水素爆弾実験で発生した死の灰のなかから発見された

青く光る
自らが発する鮮烈な放射線によりわずかな量でも青く光る

背反の塵
アインスタイニウム
Einsteinium

想像力と好奇心豊かな学者。列島の学者と意見が対立したため不仲となり、個人で研究をしている変わり者だが、音楽と綺麗な海と平和を心から愛している。

アインシュタインから命名
だれもが名を知る偉大なる物理学者アインシュタインから命名されたが、命名はかれの没後であり、当然アインシュタインが発見したわけでもない。

■ 名の由来　アインシュタイン

■ 縁の深い元素　Fm U

アクチノイド
1954年生まれ
原子量（252）
融点 860℃
沸点 ―

決まりきった運命、託されたサイコロ、
恐れずとも悪魔は存在する

周期表の新入り元素

周期表は昔から変わらないわけではなく、発見されば追加される。ここで紹介する2人は2016年にやってきた新入り元素だ！

113 Nh

日本生まれの元素
日本の理化学研究所の研究チームによって合成され、その故郷の国名をとって命名された

ニホニウム特集！
Nhのくわしい情報についてはp.130へ

「三」度目／正直
ニホニウム
Nihonium

不安定の海の果て、神社のある島で見つかった元素。愚直で前向きだけど、どこかちょっと浮いてる子。亜鉛とビスマスに不思議な縁を感じている。

悲願の元素
日本初、アジア初の元素であるニホニウムは長年の願いと奇跡によって合成された。材料として使われたのは30番元素の亜鉛と83番元素のビスマスである。

超重元素
2004年生まれ
原子量（278）
融点　―
沸点　―

■ 名の由来　日本

■ 縁の深い元素　Zn Bi

初めて会ったはずなのに、不思議な縁を感じる。きっと、また逢えるよ

118 Og

ロシア生まれの元素
ロシアの合同原子核研究所とアメリカのローレンス・リバモア国立研究所の共同研究チームによって合成された

オガネソン特集！
Ogのくわしい情報についてはp.138へ

海底より描く理想郷へ
オガネソン
Oganesson

不安定の海の果てからやってきた元素。賢いだけでなく芸術センスにも長けており、自らが設計した船で「安定の島」を探す旅を続けている。

安定の島を探す旅
命名元のオガネシアン博士は超重元素合成法理論や安定の島に関する理論に大きな発展をもたらし、その功績から命名された。

超重元素
2006年生まれ
原子量（294）
融点　―
沸点　―

■ 名の由来　オガネシアン博士

■ 縁の深い元素　Fl Cf Ca

安定の島にたどり着き、その景色をキャンバスに収める。うん、素晴らしい夢だ

第2楽章

「ここが、君の好きな場所のひとつになればうれしいな」

周期表の歩き方

アスティオン大陸

✦ ここが、元素楽章の物語の舞台"アスティオン大陸"。
はるか昔から元素とともに歩んできたこの大陸には、
さまざまな伝説や不思議な土地が存在する。

🦋 この地図は変形させた周期表と核図表の一部をも
とに、安定な元素は大陸、不安定な元素は島とし
て表現されている。

遷移金属の軍事国家
ソンドル共和国
p.63

ランタノイド元素の地底国家
サモンダルア
p.79

典型元素の開かれた国家
ヘリオス王国
p.27

未知に満ちた探索者の領域
不安定の海
p.125

アクチノイド元素の危険な列島
アクティス列島
p.111

大陸の基本情報

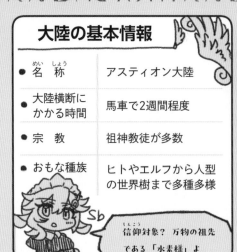

● 名　称	アスティオン大陸
● 大陸横断に かかる時間	馬車で2週間程度
● 宗　教	祖神教徒が多数
● おもな種族	ヒトやエルフから人型 の世界樹まで多種多様

信仰対象？ 万物の祖先 である「水素様」よ

通　貨

大陸統一通貨「ロム(lom)」が使われる。 かつての貨幣「キプロ」は基本的に使えない。

500ロム　　　100ロム　　　10ロム

ちょっと昔にすっごい インフレが起こって… $6.02×10^{23}$キプロ＝1ロムと 定義したんだよねー

カレンダー

この世界では「18」を満ち足りた数としてあつ かう。ゆえに1年は18か月ある。

1	2	3	4	5	6	7	8	9	10	11	12	13	14	15	16	17	18	月

- 1月1日　正月
- 2月4日　バロニ祭
- 3月13日　創世の日
- 7月9日　竜灯祭
- 8月26日　血戦祭
- 10月31日　ハロゲン祭
- 13〜17月　族内会議
- 18月中旬　周期連邦大会議

1月〜12月：四季が巡る時期であり、大陸各地でさまざまなイベントがおこなわれる。
13月〜18月：間奏期…戦争は一時休戦となり、ゆるやかな時間が流れる時期。

物　価

典型元素の国は食品類が安く、遷移金属 の土地は金属製品や交通費が安い。ただ し、貴金属たちの領域に滞在するなら、 ほぼすべての商品やサービスがほかの土 地の3倍以上の価格になることを覚悟し ておいたほうがよい。

治安にご注意！

17番街(p.39)はとくに治安が悪く、う かつに外を歩けば所有物や電子を奪われ ることがある。貴ガスのような毅然とし た態度で対応しよう。

よお嬢ちゃん いい電子配置 してんねぇ

………

周期表の歩き方

01 典型元素の王国
ヘリオス王国

太陽王——ヘリウムによって統治される王国。
暖かい陽の光に包まれる大地に1歩ふみだせば、
多彩な元素たちが出むかえてくれるだろう。

王都を巡る

沈まない太陽と周期律を運ぶ風

He ヘリウム

ヘリオス王国元首 1868 〜
2番元素　18族　貴ガス

ヘリオス王国は太陽城を中心として大
陸で栄えている都市が広がっている。
典型元素のみならず、遷移金属もよく
訪れるアスティオン大陸で最も有名な
観光名所である。

ヘリオス王国の象徴
✦ 太陽城

ヘリオス王国の中心地に存在する小高い岩山の頂上に建てられた国王ヘリウムのための城。日の出から日の入りまで太陽の光に照らされ続け、夜は街からでも見えるほど明るくライトアップされることから、別名「沈まない太陽の城」とよばれることも。

✦ 必見！ ライトアップ太陽城

太陽城は毎晩ライトアップされる。昼も夜も黄金色に明るく輝くこの城は、太陽の権化である国王の権威を表現しているといわれているが、国王はこの仕様について次のようなコメントを残している。

外がまぶしすぎて夜も眠れやしない…。

✦ 太陽城の構造

止まり木の間
太陽の間
謁見の間
その他

大陸で最も栄えている城下町「エルゴンシティ」（→p.37）を見渡せる位置にあり、住宅街から離れた城の周囲は街よりも静かである。毎年2月4日にもよおされるバロニ祭の時期には城を中心に数多の風船が飾られ、城への一般入場も可能になるため、多くの観光客でにぎわう。

$_2$He

ヘリオス王国元首
✦ ヘリウム

現在ヘリオス王国で約100年にわたり国を統治している国王は、2番元素のヘリウムである。王は護衛をつけることなく1人で城内や城下町へ出向き、運がよければp.28の写真のように街中で姿を見かけることも。大国のトップにありながら見せるこの余裕（よゆう）は、ほかの18族元素と同様、絶対的な「安定」をもちあわせている存在ゆえ。

PROFILE

誕生年　1868年
1895年から国王として君臨
体重（原子量）　4.003
融点 −272.2℃　沸点 −268.9℃

✿ 太陽より来るもの

ヘリウムは地上ではなく、地上から観測した太陽で発見された元素。実際に太陽は水素を燃やし、ヘリウムを生みだすことで輝いている。→p.31

歴史ある典型元素の地へ
城下町MAP

太陽城

バロニ広場
太陽城を一望できる
広大な広場。

ヒュドル・ジェン大聖堂
祖神教の最も大きな聖堂。昼夜
問わず多くの人が訪れる。

ノブル美術館
典型元素の文化的な芸術品が
多数展示されている。

17番街側
p.39

ヘリオス通り

エルゴンシティ側

原子の「重さ」から見る
太陽はなぜ輝くか

まばゆいほどに大地を照らす太陽、そのエネルギーはいったいどこから生まれているのだろうか。太陽の組成は90%以上が水素で、残りの数%がヘリウムで占められた巨大なガスの塊。その**水素を核融合させヘリウムに変換することでエネルギーを得ている**。では、核融合でなぜエネルギーが生まれるのだろうか？

まず、原子の中心にある「原子核」は陽子と中性子とよばれる粒子が集まってできている。陽子の数を原子番号といい、陽子と中性子の数の合計を質量数という。ここで、陽子と中性子の重さはほとんど変わらないので、質量数4のヘリウムの重さは質量数1の水素の4倍の重さになるはず。ところが、実は計測してみると**ヘリウムのほうがかなり軽くなるの**だ（質量数あたりの重さ）。たとえるなら、1 gぴったりの一円玉を4つ集めて重さを量っても3.97 gにしかならないという奇妙なことが、原子核の世界では普通に起こっている。

つまり、4つの水素が核融合してヘリウムになると軽くなる。**この減少した分の質量がアインシュタインの質量とエネルギーの等価性の式に則って**エネルギーに**変換される**ことで、太陽は輝いている。また、核分裂も同様に質量をエネルギーに変換している。→p.68

$$E = mc^2$$

軽くなった分だけ輝く太陽！

常闇の楽園へようこそ

Ne ネオン

ニアンゲート最高裁判官長
10番元素　18族　貴ガス

ヘリオス王国の中心——太陽城のその真下。巨大な地下洞窟につくられた巨大な監獄。罪人を収容する監獄のなかに、このような妖しい光に満ちた楽園があると、だれが想像できるだろうか？

法律遵守の無法地帯
✦ 地下監獄ニアンゲート

アスティオン大陸に注がれる太陽光は国王ヘリウムの君臨により増大し、光によって反応してしまうような敏感な元素や化合物たちは大陸や17番街（p.39）で、より過激な活動をくり返すようになった。そういった者どもを裁き、収容する場所がこの太陽の届かない地下監獄である。しかし、構造の欠陥からくり返される脱獄を見かねた最高裁判所長官ネオンは『脱獄したくなくなるような素敵な監獄』をモットーに監獄内にネオン街をつくりあげた。こうしてできたこのお気楽な地下監獄がニアンゲートである。

名物の赤い雨

運がよければ監獄内で美しい赤い雨を見ることができる。これも監獄に充満したネオンガスの影響だといわれている

法廷（フロア）がわきたつのも日常茶飯事

ニアンゲート最高裁判所長官
✦ ネオン

監獄に併設された最高裁判所の長官であり、この大陸で最も法律（scientific law）を遵守する人物といわれている。その一方で、この監獄を大改造するような自由人であり、ネオンの法廷はたいへん盛り上がるため、罪人からも人気だ。

PROFILE

誕生年　　1898年
体重（原子量）　20.18
融点 −248.7℃ 沸点 −246.0℃

$_{10}Ne$

図解！ニアンゲート断面地図

太陽城の真下に監獄!?

洞窟に設立されたニアンゲート監獄は1層の裁判所から天井を見上げると太陽城の謁見の間の床（ゆか）とつながっていることがわかる。これは王城で何者かが不敬を働いた際にそのまま裁判所に突き落とすためとうわさされている。

太陽城

1層
最高裁判所という名の巨大なライブステージが存在。2層から傍聴席（ぼうちょう）に入れる

2層
p.32の写真の場所。脱獄も侵入も可能で、歓楽街（かんらくがい）と化している

3層
重犯罪者が収容される監獄。基本的に立ち入ることはできない

4層以降
終身刑の犯罪者のみ収容されるため情報がなく、謎に包まれている

> ● 昼の太陽、夜の歓楽街を想起させる2つの元素が周期表で上下に並んでいるのが興味深い。

🦋 地下生まれの太陽の子

地球上に存在する軽い元素ヘリウムは、風船が空へ飛んでいくのと同じように、次つぎと地球の外へ逃げだしてしまう。では市場のヘリウムガスはどこで生まれているのか。実ははるか地下奥深くの鉱石にふくまれるウランなどの放射性元素が崩壊するときに放出するアルファ線とよばれる粒子がヘリウムの原子核そのものである。そのため、放射性元素が崩壊して地下にたまったヘリウムガスを「採掘」することで産出しているのだ。

放射線の正体 くわしくは 5章	電磁波	電子	中性子		
	〰〰〰 X線・γ線	● β線	○ 中性子線	α線	= ヘリウムの原子核

夜の街を照らす貴ガスたち

ネオンだけじゃないネオン管

多彩な色と妖しい光で夜の街に彩りをあたえる電飾、ネオン管。ネオン管は低圧の気体が入ったガラス管に電圧をかけると、気体の原子が特有の光を放ち発光する（放電）。赤色のネオン管にはネオンが入っているが、青色や緑色のネオン管にはほかの貴ガス元素などが入っている。

ヘリウム
$_2$He
ピンク

ネオン
$_{10}$Ne
赤橙色（せきとう）

アルゴン
$_{18}$Ar
青紫～緑色

クリプトン
$_{36}$Kr
青白色

キセノン
$_{54}$Xe
青白～紫色

希ガスではなく貴ガス

海外での18族元素のよび名がrare gas（希ガス）よりもnoble gas（貴ガス）が一般的になったことにあわせ、日本でも18族元素の名称は希ガスから貴ガスに改められた。「希」とよぶには豊富に存在しすぎている18番元素のアルゴンはさておき、化学の世界における「貴」は貴金属と同様に不活性を表すのだ。

rare gas
希ガス
$_{86}$Rn 10^{-9} ppt
$_{10}$Ne 18 ppm

noble gas
貴ガス
$_{18}$Ar 0.934%

郊外の静けさに癒される
路地裏の冒険譚を描いて

Ga ガリウム
31番元素　13族

Al アルミニウム
アルミナ探偵事務所 所長
13番元素　13族

ヘリオス王国の郊外は城下町と比べると、静かで落ち着いた雰囲気があり、魅力的な観光スポットも多数存在する。

"働かない" 働き者たちの街
エルゴンシティ

18Ar
アルゴン
何がなんでも他者と
反応しない不活性ガス
元素名の由来は
「怠け者」

太陽城の南に存在する街。荒くれ者の多い17族と1族の土地にはさまれ、かつては事件の絶えない活発な街であった。ところが、貴ガスのアルゴンが町長に就任してからは事件が激減、ついでに就業率も激減したとか…。

大陸で唯一の量子計算占いを体験!
薄珪堂
はっけいどう

路地裏にひっそりとたたずむ占い屋。占いとはいうものの、店主珪素の占いは一般的なものでなく、顧客の悩みに対し膨大なデータに基づいて量子計算をおこない、その結果から助言をもらうサービスである。

14Si
珪素
半導体や集積回路
に使われる半金属。
ガラスや水晶にも
多くふくまれる

地質調査から猫探しまで
アルミナ探偵事務所
ねこ

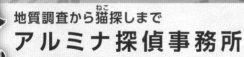

13Al
アルミニウム
今は安価で便利な
金属という印象だが、
かつては金銀に並ぶ
貴金属であった

多くの功績をもつ名高い探偵事務所。しかしヘリウムが王座に就いてからは情勢が安定し探偵としての仕事が激減したため、不本意ながら一種の便利屋として業務をおこなっているようだ。

大陸一アブない街へ

危険と不安定は隣りあわせ

Br 臭素

ぶろみん新聞社　記者
35番元素　17族　ハロゲン

Cl 塩素

電子親和組　組長
17番元素　17族　ハロゲン

F フッ素

孤児院長
9番元素　17族　ハロゲン

高い山と建物に囲まれたくぼ地にある荒廃した街、17番街。太陽城からの距離はそう遠くないが、治安は大陸最低レベル。

活発な廃墟のまち

<ruby>廃<rt>はい</rt>墟<rt>きょ</rt></ruby>

✦ 17 番 街

荒れた景観からも察せられるとおり、大陸で最も危険な地域のひとつ。周囲を高い建物に囲まれたくぼ地で、一日を通して陽の光に照らされることがないため、陽の光を浴びただけで暴走、反応してしまう過激な元素や化合物モンスターたちのすみかとなっている要注意地域である。

 紹介！

ぶろみん新聞社

17番街に本社を置く新聞社。ジャーナリストの臭素が集めた大陸や17番街の情報を<ruby>掲載<rt>けいさい</rt></ruby>した「ぶろみん新聞」を毎日刊行しており、大陸各地の本屋や雑貨屋で入手できる。また、大陸の裏情報に特化した「週刊文臭素」という雑誌も…

週刊文臭素

35Br
臭素

ぶろみん新聞社の記者。炎上させないスキャンダルが記事のモットー。写真の感光材料や難燃剤に使われており、肖像写真を意味するブロマイドの語源も臭素である

\ HAPPY HALLOGEEN ! /

✦ ハロゲン祭

毎年10月31日は17族元素や監獄ニアンゲートの脱獄者が17番街に集い、大さわぎする大陸一危険な祭りが<ruby>開催<rt>かいさい</rt></ruby>される。「電子をくれなきゃ電子を奪うぞ」という台詞を合言葉に、ひたすら乱闘をくり広げるのが祭りのおもな内容である。そのため、参加する場合は身の安全に細心の注意をはらい、自分の戦闘能力に自信がなければボディーガードを<ruby>雇<rt>やと</rt></ruby>ったほうがよい。そうでなければ、命と電子がいくつあっても足りない。

 ## ハロゲンとは？

17族元素の総称。安定な18族元素（貴ガス）より電子がひとつ少ないため、「あとひとつ電子を得て貴ガスと同じ安定な電子配置になりたい」という欲求が高く、1価の<ruby>陰<rt>いん</rt></ruby>イオンになりやすい。

和の町を彩る金属たちの花火

Ca カルシウム

土龍郷　御神子（みこうのこ）
20番元素　アルカリ土類金属

大陸の東端に位置する民族集落「土龍郷」。独自の文化を築いており、毎年8月におこなわれる金華祭の花火が名物。

和と炎色の都
土 龍 郷

土地が巨大な龍の形に見えることから土龍郷とよばれている民族集落。アルカリ土類金属に分類される3人の元素によって統治され、ヘリオス王国のほかの領地とは少し異なる文化や風習が存在する。

土龍郷 案内地図

土龍神社

二重塔

社務所

夜光旅館

二重塔の内部は
鍾乳洞のような
構造をしている

20Ca
カルシウム
集落の長であり、土龍に祈りをささげる御神子。
骨や乳製品にふくまれ、生体には欠かせない

金 華 祭

毎年8月中旬に土龍郷の中心地でおこなわれる盛大な祭り。名物は花火大会で、橙（だいだい）や緑、紅色を中心とした色とりどりの花火が土龍郷上空を彩る。かつて土龍郷に疫病（えきびょう）がまん延した際に、カルシウムがその年の死者を弔（とむら）うため橙色の炎を打ちあげたのが起源といわれている。

20Ca
橙色

56Ba
黄緑色

38Sr
紅色

3Li
赤色

19K
紫色

11Na
黄色

29Cu
緑色

炎 色 反 応

アルカリ土類金属をふくむ複数の金属は、炎のなかに入れると元素に特有な色を示す。夜空を彩る花火も、この炎色反応を利用している。

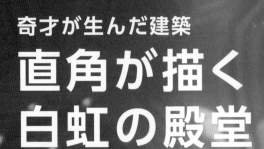

奇才が生んだ建築
直角が描く
白虹の殿堂

Bi ビスマス

建築家
83番元素　15族　ニクトゲン

大陸中心部から南へ進むと、河川
と海に囲まれた位置に奇妙な形状
の建築が並ぶ雪山にたどり着く。

白き傑作
テクタム・アージェンティ
Tectum Argenti

✦ 彩られる白

大陸一美しいとうたわれるこの建物は、床のみならず壁面や天井にまで白い"階段"が敷きつめられている。とけかけた金属のような美しい曲線と無機質な直角の階段によって描かれる純白の殿堂はステンドグラスから落ちる光によって彩られ、その日の日照角度によりまったくちがう表情を見せる。

✦ 作者はだれ？

テクタム・アージェンティは中世に異才の建築家、蒼鉛による建造物といわれているが、どこを探してもその名の人物は存在しない。同一人物と疑われている同様の建築様式作品をつくる建築家に話を聞いても、別人だと否定の言葉が返ってくるそうだ。

蒼鉛じゃなくてビスマス

✿ 蒼い鉛から白い塊へ

83番元素ビスマスはかつて蒼鉛とよばれていた。

✦ 螺旋と階段

テクタム・アージェンティの柱や彫刻は、直角と平面が大半を占める特殊な形状をしている。

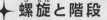

✿ 虹の骸晶

ビスマスの結晶は面（ひらべったい部分）よりも稜（角の部分）が育ちやすいため、冷却速度によっては階段のような特殊な形状の結晶に成長し、その骨ばった形から骸晶とよばれている。またビスマスを空気中で溶解させると表面に虹色の酸化被膜が形成される。これはシャボン玉や油の表面が虹色に見えるのと同じ薄膜干渉によると考えられている。

✿ ビスマス結晶をつくろう！

ビスマス結晶って？

83番元素ビスマスの結晶。とかして固めると独特な階段状の結晶をつくり、その表面に虹色の酸化被膜ができる。融点は271.3℃と低いため、家庭用コンロでも結晶をつくることができる。

83Bi

準備するもの

予算は5000円〜 2万円程度
ビスマスインゴット 1〜3 kg程度
300 mL程度のステンレスカップ　2個
頑丈なステンレス網（がんじょう）（あみ）　1枚
耐熱手袋 なければ軍手　1組
保護メガネ　人数分（必ず装着！）
スプーン　1個
ステンレス製ピンセット　1個
コンロ（カセットコンロでも可）　1台

⚠ 注 意！

ビスマス結晶づくりは手軽にできる一方、非常に危険な実験である。液体になったビスマスの温度は500℃を超えることもあり、飛び散ると失明や大火傷のおそれがある。水に触れるとすぐに蒸発して爆発（ばくはつ）や液体金属の飛散が起こるため、絶対に水には触れさせないこと。換気して蒸気を吸わないこと。大人や経験者といっしょに実験をすること。肌の出た服装で実験をおこなわないこと。安全には十分気をつけたうえで、よいビスマス結晶ライフを！

手順①　加熱してとかす

まず右図のように器具を組み立て、コンロに火をつけてビスマスを加熱する。コンロに安全装置がついていると一定温度で火が消えてしまうこともあるので、事前に解除しておく。インゴットは複数回に分けて追加してもよい。

※必ず耐熱手袋を装着して触る（さわ）
※網が変形したら速やかに実験を中止する

ビスマスインゴット
ステンレスカップA
A
網
コンロ

手順②　酸化被膜を除去

ビスマスがすべて融解すると、液面に色のついたしわのような不純物ができる。結晶が汚れる原因になるので、適時スプーンですくって取りのぞこう。

手順③　加熱を止め、結晶を取りだす

ビスマスがすべてとけた5分後に加熱を止め、常温で冷ます。このとき振動を与えると綺麗な骸晶にならないことがあるので、なるべくゆらさない。表面に四角模様やしわが見えてきたら、結晶を探してピンセットで取りだそう。

※すぐに触らない

> **豆知識**
> ビスマスは氷と同じように液体よりも固体のほうが軽いため、結晶は液面に浮いて現れる。このような物質を「異常液体」という。

手順④　再加熱or別の容器に移す

結晶をできるだけ取りだしたら、残った液体をほかのカップに移し替え、カップ内側にできた結晶を採取する。もしくは再加熱して手順2からの操作をくり返して結晶を採取する。

※移し替えたあとの容器も熱いので注意！

結晶の色を調節するコツ

ビスマス結晶の色は酸化被膜の厚みに依存している。取りだしたあとの結晶を冷やす速度で厚みが変わるため、結晶を液面から取りだしてすぐに常温で冷やすか、液面付近の熱い空気の上でゆっくり冷却するかで、結晶の色を多少はコントロールできる。色の変化は『干渉色図表』に示したとおり。

すぐに冷やす	干渉色図表					ゆっくり冷却
金	紫	青	水色	赤紫	緑	

うまく骸晶にならないときは？

液体ビスマスは冷却速度によって結晶の形が変わる。うまく階段状の骸晶にならないときは冷却が速すぎたり遅すぎたりしている可能性がある。冷却速度はビスマスの量にもよるため、うまくできないときはとかす量を変えてみよう。

遅すぎ　冷やすのが…　早すぎ

多面体

理想！骸晶

樹枝状

"限界"大学に密着

自然豊かな学園都市

鎖(くさり)のように連なる豊かな自然と
生命の大地が広がる14族の
大地に位置する。

Po ポロニウム
工学部長

N 窒素
理学部副学部長

Be ベリリウム
恋愛(れんあい)学部長

C 炭素
理学部長 兼(けん) 学長

歴史ある翠緑の学び舎
私立 ジェナスラク 大学

限界大学（？）

かつては大陸有数の名門国立大学であったが、200年前の初代学長による汚職事件をきっかけに、国と大半の学生から見捨てられた。現在は残った変人学者によって毎年存続ギリギリのラインで運営されている私立大学。

廃校の危機でも ▶
陽気な炭素学長

校舎配置図

大陸一と称されるほど膨大な蔵書数をほこる大図書館を中心とした創立300年の歴史あるキャンパス。

校章

▲
上が工学部、右が恋愛学部、左が理学部、下が人文学部の紋章となっている。

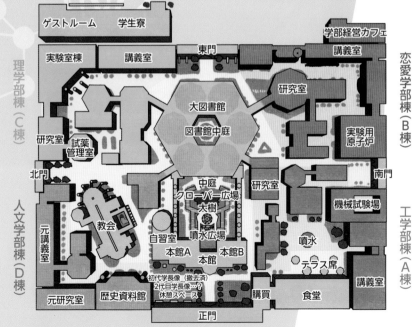

ゲストルーム　学生寮
学部経営カフェ
実験室棟　講義室
東門
講義室
理学部棟（C棟）
研究室
大図書館
図書館中庭
研究室
実験用原子炉
恋愛学部棟（B棟）
研究室
試薬管理室
北門
南門
中庭
クローバー広場
大樹
噴水広場
研究室
機械試験場
人文学部棟（D棟）
元講義室
教会
自習室
噴水
工学部棟（A棟）
本館A
本館
本館B
テラス席
初代学長像（撤去済）
2代目学長像→休憩スペース
元研究室
歴史資料館
購買
食堂
講義室
正門

特別講義！ 分子生物概論 I

純粋なものに命が宿るこのアスティオン大陸において、元素が生命として存在するのと同じように化合物も生命として存在し、化合物モンスターとよばれている。ここでは、不思議な化合物モンスターの生態や種類について解説する。

教えて炭素先生！ 化合物って何？

2種類以上の元素が組みあわさって結合することで生まれる物質のこと。ふくまれている原子の種類はもちろん、化学式や構造が少しちがうだけでもまったくちがう性質を示すのが面白いんだぜ！

PROFILE

誕生年　古代
体重（原子量）　12.01
融点 3550℃　沸点 4827℃

$6C$
炭素

4本の腕をもつ超愉快な大学教授。冗談ばかりを口にする軽いノリと身長のせいか、初対面の相手には学生とまちがえられることもある。大陸のあらゆる歴史を体験談として話せる程度の年配者であり、それでいて過去に執着せず新しいことに挑戦し続ける、すたれない「天才」である。

分子構造式の見方

構造式とは、元素記号と結合線を用いて分子内の原子のつながりを表した模式図である。この講義では単純な形の分子を除き、右下のような省略図で示す。

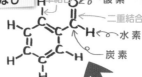

省略なし

単結合 — 酸素
二重結合
水素
炭素

ベンズアルデヒド
（p.50）

どちらも
同じ化合物！

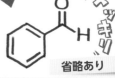

省略あり

有機化合物はとくに炭素と水素が多いので、省略するだけでぐっと見やすくなるぞ！

第一講義 基本的な化合物たち

C_6H_6

Structural formula

ベンゼン
最も単純な芳香族化合物

クメン法など

C_6H_5OH
フェノール
特異臭あり
OH

$C_{10}H_8$
ナフタレン
防虫剤として有名

$C_6H_5CH_3$
Structural formula
CH_3
トルエン
溶媒などに

$C_{14}H_{10}$
アントラセン
染料などの材料
Structural formula

芳香族化合物

CH_4
Structural formula
H–C–H
都市ガスの主成分
メタン
炭素数 1

C_2H_6
Structural formula
H–C–C–H
エタン
炭素数 2

C_5H_{12}
Structural for.
ペンタン
炭素数 5

飽和炭化水素
アルカン

アルコール
ランプでおなじみ

お酒といえば

Structural formula
H–C–OH
CH_3OH
メタノール

–OH
ヒドロキシ基

Structural for.
H–C–C–OH
C_2H_5OH
エタノール

アルコール

ところで…酒のアルコール分であるエタノールはもともとダウナー系の化合物なんだ。酒を飲むと興奮するように感じるのは、本性を隠していた理性の力が弱まっているだけなんだよな…

第二講義 『香（かお）り』の化合物

甘美な香りに誘われて

この大陸にはかぐだけで思わずヨダレが出てきてしまうような、かぐわしい化合物たちが存在する。

香りなし L体

香りあり D体

かんきつ類の畑によく出現する。姿のよく似ている個体でも、かんきつ類の香りがする個体とまったくしない個体がある

Structural formula

$C_{10}H_{16}$
リモネン

鏡像異性体（エナンチオマー）のフシギ

鏡像異性体とは同じ組成式と骨格をもつが、原子の配置が鏡写しになった化合物のことをいう。物性は同じだが、香りや味などは大きく異なることがある。

$C_8H_8O_3$

バニラの畑に現れる。バニラ特有の甘く濃厚な香りを周囲に漂わせるが、味のほうはかなり苦い

手前への立体表現
奥へ

バニリン

シナモンの香りがする。いたずら好きで樹皮をはがしたり乾燥させたりする習性がある。乾燥させた樹脂（じゅ）のステッキは香辛料（こうしん）として重宝されている

C_9H_8O
シンナムアルデヒド

Structural formula

C_7H_6O
ベンズアルデヒド

杏子（あんず）の種を主食とする。嫌になるくらい杏仁豆腐の匂い（にお）がする

芳香と悪臭は表裏一体!?

糞便の臭いをかげば、大半の人間は眉をひそめるだろう。しかし驚くべきことに、糞便臭の原因となるこの2つの化合物は、ジャスミンやスミレなどの香水にもふくまれるのだ。大量にあれば糞便臭なのに、非常に薄い溶液にすると花の香りになるのは、なんとも不思議な話だ。

C_8H_7N
インドール

C_9H_9N
スカトール

酪農場など、動物の糞便周囲で発生する化合物。見た目どおりの悪臭を放つ嫌われ者だが、それを恐れずにかれらに優しくできる者だけが、その手にもつ花の香りに気づくことができる

『味』の化合物

美食…！

苦味も辛味も味のうち

コショウの辛味やチョコの苦味の原因となる化合物がある。

コショウの辛味成分。愛用のハンマーのなかに詰まっている香辛料は、血流を改善する効果がある

$C_{17}H_{19}NO_3$
ピペリン

チョコの苦味成分。ギリシャ語で「神の食べ物」の意味をもつカカオの学名に由来

Structural formula

$C_7H_8N_4O_2$
テオブロミン

熱い味？ 冷たい味？

唐辛子を食べると熱く、ミントを食べると冷たく感じるのは、口内の温度が変化しているからではない。実際には、それぞれの辛味や清涼感をもたらす分子たちが温度を感じる受容体を刺激しているからである。

$C_{18}H_{27}NO_3$
カプサイシン

Structural for

唐辛子の辛味成分。自慢の「鷹の爪」を見せびらかして威かくするが、たいていは辛党の人間に採取されてしまう

Structural formula

異性体

「スーッとする味」の成分。8種類の異性体があり、スーッとするのはそのうちのひとつの異性体だけ。いっしょに風呂につかる楽しみかたも

$C_{10}H_{20}O$
（ー）ーメントール（l体）

うま味の美食家化合物たち

昆布とかつお節にはそれぞれに「うま味」の化合物たちがふくまれている。両方をいっしょにとると相乗効果でいっそう、うま味を感じられる。つまり昆布とかつお節の出汁をいっしょにとる日本の文化は、美味しさの面で非常に合理的なのだ。

Structural formula

うま味の成分。グルタミン酸は昆布だしに、イノシン酸はかつお節にふくまれる

Structural formula

$C_{10}H_{13}N_4O_8P$
イノシン酸

$C_5H_9NO_4$
グルタミン酸

第四講義 爆発性の化合物

KNO₃
硝酸カリウム

硝石ともいう。化合物自体に爆発性はないが助燃性が強く、有機物や火薬と混ぜると爆発する危険性がある。鉱床に存在するほか、アンモニアが変化しても得られるため、衛生状態の悪い環境から自然発生することもある

ニトロ基
多数のニトロ基をもつ化合物は爆発性をもつこともある

アジド類化合物の合成元として使われる化合物。ニトロ基はないが、毒性と爆発性がめっぽう高く、取りあつかいには細心の注意が必要

三つ頭の爆薬系化合物。爆薬のほか、血管拡張作用があるため、狭心症の薬に使われる。実はなめたら甘い

NaN₃
アジ化ナトリウム

C₃H₅N₃O₉
ニトログリセリン

海戦で使われてきた黄色い爆薬系化合物。金属と反応して爆発性の塩をつくりだす。その爆薬としての威力は十分だ

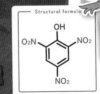

C₆H₃N₃O₇
ピクリン酸

日焼け防止のため大きな帽子をかぶった爆薬系化合物。金属とも反応しにくく、ピクリン酸よりあつかいやすい。そのため、さまざまな場面で使われており、大陸でもTNTの略称は有名

C₇H₅N₃O₆
トリニトロトルエン（TNT）

52

幻を見せる化合物

<small>まぼろし</small>

ケシの乳液にふくまれる化合物。周囲の者の痛みを和らげ、幻のような夢を見せる性質がある。戦争で傷ついた兵士に使われたり、戦争の原因になったり。名の由来は眠りの神モルフェウスより

モルヒネを変化させた化合物。どの個体も自身のことを英雄だと信じこんでおり、支離滅裂な言語で武勇伝を語り続ける。名の由来はヒーロー、英雄より

<small>しりめつれつ</small>

アセチル基をつけると体内への吸収性UP

$C_{17}H_{19}NO_3$
モルヒネ

ヘロイン

$C_{11}H_{15}NO_2$
メチレンジオキシメタンフェタミン（MDMA）

幻覚は見せずに、人を幸せにするセロトニンやオキシトシンなどのホルモンを過剰によびだし続ける。この化合物といっしょにいると、あらゆる生物となかよくしたい気持ちでいっぱいになるが、なかよくする相手を選ぶことはできない

ある種のサボテンにふくまれるフェネチルアミン系の化合物。周囲に幻覚をふりまき人を惑わす。化合物の取引は違法だが、サボテン自体は法的に規制されていない

<small>ほう</small>

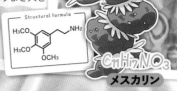

$C_{11}H_{17}NO_3$
メスカリン

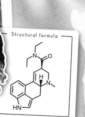

$C_{20}H_{25}N_3O$
リゼルグ酸ジエチルアミド（LSD）

木々が呼吸するように蠢く奇妙な森で、「どこへでも行ける切手はいかが」とささやく。かれが提供する旅は「いい旅であるとはかぎらない」ことに注意が必要。そんな奇妙な森に迷いこんでいる時点で、もはや奴の手のひらの上にいる

<small>うごめ</small>
<small>やつ</small>

第六講義 生理活性の化合物

ホルモンって何？

体内でつくられ、身体のさまざまな器官や心に働きかける情報伝達物質。確認されているものだけでも100種類以上あり、どのホルモンも微量で効果を発揮するほどの影響力をもつ。

Structural formula

$C_{10}H_{12}N_2O$
セロトニン

"幸せ"をよび起こすホルモン。とくに悪さをせず、幸せな気分をふりまいてくれるため、大陸のみなから好かれている。だが、当然多ければ多いほどよい、というわけでもなさそうだ

体内の水分を調節するホルモン。バソプレシンが体内に多い動物は浮気をせず一途であるというウワサもあるが…？

$C_{46}H_{65}N_{15}O_{12}S_2$
バソプレシン

Struc

"眠気"をよび起こすホルモン。ただ眠くなるだけでなく、適切な時間に起こして生活リズムも整えてくれる

$C_{13}H_{16}N_2O_2$
メラトニン

カフェイン

"快感"をよび起こすホルモン。意欲や運動調節にもかかわる。好きな音楽を聴くことで生成がうながされ、カフェインによって作用が増強されるため、好みの音楽を聴きながらコーヒーを飲むのもよいだろう

Structural formula

$C_8H_{11}NO_2$
ドーパミン

"愛情"をよび起こすホルモン。妊婦の出産をうながすほか、分泌されると幸せな気持ちになり、誰とかなかよくしたくなる気持ちが高まるようだ

オキシトシン

54　$C_{43}H_{66}N_{12}O_{12}S_2$

糖と甘味の化合物

糖は生体にとって栄養価の高い化合物である。
だからこそ、われわれは糖を「甘い」と感じて
栄養豊富な化合物を採り入れようとする。

Structural formula

最も単純な糖。どちら
もハチミツや果実に豊
富にふくまれている

$C_6H_{12}O_6$
グルコース（ブドウ糖）

$C_6H_{12}O_6$
フルクトース（果糖）

$-H_2O$
脱水縮合

重合

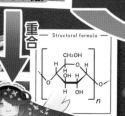

Structural formula

みんな大好き
砂糖の主成分

Structural formula

$C_{12}H_{22}O_{11}$
スクロース

$(C_6H_{10}O_5)_n$
デンプン

数えきれないほどのグル
コースがつながった
化合物。その場で消費
しない栄養を保存する
役目がある

塩素化

スクロースを3つの塩
素で置きかえた化合
物。甘さはスクロース
の約600倍

Structural formula

$C_{12}H_{19}Cl_3O_8$
スクラロース

0カロリーの甘味

Structural formula

どれだけ摂取してもカ
ロリー0という夢のよ
うな甘味。甘さはスク
ロースの約350倍

$C_7H_5NO_3S$
サッカリン

最強の甘味

Structural formula

今のところ小さな分子では最も甘味の強い化
合物。その甘さは計算上スクロースの22万
〜30万倍ともいわれているが、実際に甘味
料としては使われていないようだ

$C_{18}H_{16}N_4O_4$
ラグドゥネーム

第八講義　多様な化合物

色が変わる！　指示薬化合物

周囲の環境により構造が変化し、それにともなって色が変化する化合物があり、環境を調べるために使われるものもある。メチルオレンジは溶液中の水素イオン濃度によって変色し、溶液のpHが3.1以下のときは赤色、4.4以上のときは黄色になる。

pHとは…溶液中の水素イオン指数。小さいほど酸性、大きいほど塩基性をあらわす

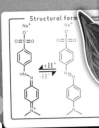

Structural form

$C_{14}H_{14}N_3N_aO_3S$

メチルオレンジ

Structural formula

一例としてカリックス[4]アレーン

カリックスアレーン

化学式はサイズによる

Structural formula

カルセランド

化合物を閉じこめる！　ホスト化合物

世の中には化合物を閉じこめる化合物が存在する。閉じこめる側はホスト、閉じこめられる側はゲストとよばれる。

「聖杯（せいはい）」と名づけられた化合物。杯のような形をしており、杯の大きさに見あう化合物のみをゲストとして受け入れる

「監獄（かんごく）」と名づけられた化合物。1度つかまえたゲストはどんな環境でも檻から逃さない（のが）

アクリロニトリル

C_3H_3N

無限につながる！　高分子化合物

短い同じ節をくり返して永遠に終わらない楽曲のような化合物、それが高分子化合物だ。身近に感じられないかもしれないが、化学繊維やポリ袋はもちろん、人間の体も精巧な高分子によって形づくられている。

毛糸やセーターの繊維になる高分子化合物。たくさんのアクリロニトリルが集まってつながり、ポリアクリロニトリルとなる

Structural formula

N

CN

ポリアクリロニトリル

$(C_3H_3N)_n$

環状が環状に！

炭素が環状につながったものがベンゼン環。そのベンゼン環がさらに環状につながったのがCPP（シクロパラフェニレン）とよばれる分子である。ふくまれるベンゼン環の数で色が変わる特異な光特性をもつが、一見単純な構造に見えて合成はかなり難しい…。

Structural formula

[12]CPP

Structural formula

[5]CPP

[12]CPP
$C_{72}H_{48}$

[5]CPP
$C_{30}H_{20}$

シクロパラフェニレン

香りの宝石か、それとも…？

サフロールは樹木のサッサフラスから採れる香料で、かんきつ・樹木系の香りの化合物。構造を少し変えると、果実や花の濃厚な香りのヘリオナールになる。その芳香は液体の宝石とよばれるほどで、高級な香水に多用されている。一方で、サフロールは化学変換によりMDMAにもなる。わずかな構造のちがいでも、大きな性質のちがいをもたらすことがあるのだ。

$C_{10}H_{10}O_2$

Structural formula

サフロール

Structural formula

MDMA

$C_{11}H_{12}O_3$

ヘリオナール

恋に恋する化合物？

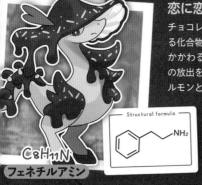

$C_8H_{11}N$

フェネチルアミン

Structural formula

NH_2

チョコレートなどにふくまれる化合物。人間の恋愛感情にかかわるドーパミン（p.54）の放出をうながす効果があり、世間では恋愛ホルモンともよばれる。また、チョコレートにはテオブロミン（p.51）もふくまれており、こちらは微量ながらバイアグラと同様の効果がある。となると、好きな相手にチョコレートを渡すバレンタインは合理的なイベントのように思えるかもしれない。残念ながら体外から摂取したフェネチルアミンは大半がすばやく排出されてしまうようだ。さまざまな誘導体が存在し、p.53に登場したメスカリンもそのひとつ。

面白い化合物

暗闇を照らす化合物

Structural formula

エネルギーを受けると青白い光をだす。周囲で発生した化学反応にともなう化学エネルギーでも発光するため、シュウ酸ビス(2,4−ジニトロフェニル)と過酸化水素などを同じ溶液に加えると発光する。これは化学発光（ケミルミネッセンス）とよばれ、サイリウムなどに使用されている。

$C_{20}H_{12}$
ペリレン

燃ゆる氷の精

水分子がかご状に集まった不思議なおりに、メタンが閉じこめられた形をしている。氷のような形状のまま燃焼する。発生する二酸化炭素は少ないため、新エネルギー源として期待されている。

Structural formula

メタンガスが入っている割合↓

多面体の各頂点は水分子

$\alpha\,CH_4 \cdot 5.75H_2O$
メタンハイドレート

Structural formula

$C_7H_5BiO_4$
次サリチル酸ビスマス

筆者の推し化合物！

元素図鑑で83番元素ビスマスのページを開くと「胃薬に使われている」と書かれていることがある。その胃薬の正体がこの化合物。周期表上で猛毒元素に囲まれた重金属がふくまれているのに胃薬という意外な俗っぽさがある。薄黄色をしているのに薬品はなぜか真っピンクに色づけされ、見た目の可愛さに反して湿布臭いというギャップもある、たいへん愛くるしい化合物。

面白ネーミングの化合物

硫黄の英名(sulfur)と花(flower)のような形の分子構造からサルフラワー(sulflower)としゃれた名前をつけられた。環状につなげたチオフェン4分子に塩基と硫黄を与え温めると花が咲くようだ

$C_{16}S_8$

Structural formula

サルフラワー

Structural formula

構造式がペンギン(penguin)に似ているケトン(接尾辞 one)に属する化合物なので、ペンギノン(penguinone)という名前がつけられた。ペンギンにふくまれているわけではない

$C_{10}H_{14}O$
ペンギノン

元素手帳2025
のご案内

中学・高校・大学生に**イチオシの手帳です!!**

知って楽しい元素の知識が詰まった手帳

え、待って、元素って実は面白い・・・・？

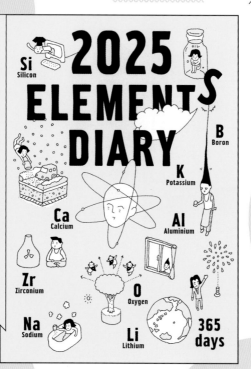

元素手帳 2025 　検索

こんなに
使いやすい！
元素手帳2025

2025 年

1

January/ 睦月

☀日7:05 ☾16:56
（1月1日／赤緯）

Garnet

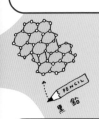

1 月の誕生石
ツァボライト（灰礬柘榴石）

緑色系ガーネットの代表格で
1960 年代にケニアのツァボ
国立公園付近で見つかった比
較的新しい宝石。鉱物名はグ
ロッシュラー・ガーネットといい
丸塊状に実をつけるセイヨウ
スグリ（grossularia）にちな
んでつけられた。本来無色の
鉱物だが、ツァボライトの色
の原因は不純物として入った
クロムやバナジウムと考えら
れている。同じ緑色系ガーネッ
トのツバロバイト、デマントイド
と容易に混じり合って固溶体
をつくり、中間タイプのガー
ネットも産出する。

化学式は…
$Ca_3Al_2(SiO_4)_3$
ですよ

月 Mon	火 Tue	水 Wed
30	31	1 元日
6	7	8
13 成人の日	14	15
20 大寒	21	22
27	28	29

□
□
□
□

2025の
マンスリーテーマは
「誕生石パート2」

PENCIL

黒鉛

忙しい毎日に役立つ
タスクがすぐに丸わかり
To Do リスト
つき!!

ELEMENTS DIARY 2025

金 Fri	土 Sat	日 Sun	
3	4	5	小寒
10	11	12	
17	18	19	
24	25	26	
31	1	2	

家族と自分、仕事と
プライベート...etc
分けたい時に
とっても助かります!!

各日付に仕切り
があって
とっても便利！

Special News!!

元素楽章の
特別ページを
手帳内に収録!!

<ruby>歪<rt>ひず</rt></ruby>んだ プレゼント ボックス

われわれ人間にとって立方体は美しい形だが、化合物たちにとってはかなり「無理のある」形状のようだ。これら立方体の化合物は安定に存在できるが、内部には膨大なひずみによるエネルギーが存在する…。

脅威のひずみエネルギー
161.5 kJ/mol

C_8H_8
キュバン

爆発性の化合物（p.52）を見るとわかるが、ニトロ基が密集している分子ほど爆発力は高くなる。立方体の各頂点にニトロ基がついたこの化合物は、理論上最強の爆発力をもつ

ニトロ化

フッ素化

立方体の各頂点をフッ素に置きかえた化合物。フッ素の電子軌道により、立方体のなかに電子を<ruby>捕獲<rt>ほかく</rt></ruby>する特異な性質をもつ

ちなみに爆薬として使うには採算が取れないらしい

Structural for

$C_8N_8O_{16}$
オクタニトロキュバン

Structural formula

C_8F_8
ペルフルオロキュバン

猛毒の化合物

この世界には1gにも満たない、ほんのわずかな量だけで人間1人を殺してしまえるような猛毒の化合物がたくさん存在する。とはいえ、毒といわれる化合物以外は安全というわけでもなく、いくら口に入れてもまったく無害な物質など存在しない。

$C_{169}H_{256}N_2O_{68}S_2$
マイトトキシン

構造式がわかっている天然有機化合物のなかで最大の毒。分子量は3422で、一部の海藻などに存在する。非常に毒性が強く、フグ毒の約200倍といわれている

ミステリー小説でおなじみ、猛毒のアルカロイド化合物。真っ向からの戦いよりも果実から<ruby>抽出<rt>ちゅうしゅつ</rt></ruby>した毒をナイフや矢に<ruby>塗<rt>ぬ</rt></ruby>って暗殺するスタイルを好むようだ

Structural formula

$C_{21}H_{22}N_2O_2$
ストリキニーネ

熱より生まれる光を訪ねて

Sb アンチモン

修道士
51番元素　15族

国境上の静けさに包まれた15族の土地に堂々と鎮座する聖堂。昼は礼拝に訪れる人びとでにぎわう。

絶えぬ聖火と光
スティビ大聖堂
Stibi Cathedral

✦ 聖火の力

新しく引かれた国境の真上に存在したことで所有権の争いになり、最終的に電気が絶たれてしまった大聖堂。長いあいだ聖火のみが光源であったが、現在はあるできごとをきっかけに生みだされた聖火の熱を電気に変換する技術で、本来の明かりを取りもどしている。

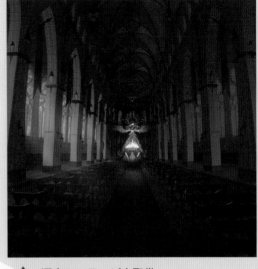

▲ 深夜のスティビ大聖堂。
電気が絶たれていたころの面影が残る。

🦋 熱電変換

まず、材料内部に温度差が生まれたときに電子を流すn型材料と、正の電荷をもつホールを流すp型材料をつなげて回路をつくる。加熱や冷却で材料に温度差が生じると、回路に電気が流れる。これを利用して熱を電気に変える仕組みが熱電変換である。

Biビスマス
n型材料

Sbアンチモン
p型材料

51 Sb
アンチモン

スティビ大聖堂で長年夜間の見回りを担当している修道士。旧約聖書にも登場するほど古くから親しまれてきた金属で、大昔はアイシャドウにも使われていた。

> ゼーベック効果発見200周年動画コンテスト
> **最優秀賞受賞!**

ストーリームービー公開中!

スティビ大聖堂にまつわる物語と熱電変換が3分でわかる動画をYouTubeにて公開中!

🔍 元素擬人化でわかる熱電変換

元素擬人化でわかる
熱電変換
83 Bi   51 Sb

「原始」を臨む

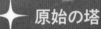 原始の塔

世界の端からあふれだす海や風を補うように万物を生みだし続け、平衡を保つ存在。それが『原始の塔』で、毎日この世界の太陽が昇り始める場所である。

○ 酸素

天の使い
8番元素　16族 カルコゲン

どの国にも属さない大陸北端の島の上には浮遊する巨大な塔が存在する。大陸中の祖神教信者が祈りをささげる方角はこの塔に向いている。

周期表の歩き方

02 遷移金属の軍事国家
ソンドル 共和国

遷移金属たちが住まう王なき国家。
貴金属と卑金属の長き戦いは、今も
戦火が絶えることなく続いている。

響く軍歌と
行軍のリズム

Fe 鉄

軍人（遷移鉄軍元帥）
26番元素　鉄族

鉄族の領地とされるアイゼンブルクの北側、トラス山脈を背に存在する巨大な要塞。遷移軍の本拠地である。

鉄壁要塞
アイゼンシュタイフ
Eisen Steif

血のような赤い屋根が特徴の要塞。

✦ 鉄のように硬く

卑金属と貴金属の終わりなき内戦の渦中にあるソンドル共和国。遷移金属にはさまざまなグループと都市が存在するが、なかでも最大の軍事力をもつのは要塞都市アイゼンブルク内にある遷移鉄軍の本拠地「アイゼンシュタイフ」である。

✦ 鉄族元素

第4周期の8〜10族で横に並ぶ3元素。
いずれも強磁性をもつ銀白色の卑金属。

₂₇Co
コバルト

₂₆Fe
鉄

₂₈Ni
ニッケル

✦ 遷移金属の特徴

遷移金属とは、3族から11族のあいだに存在する元素の総称。対する典型元素の化学的性質は最外殻の電子数で大きく変わるため、縦の列（族）の元素は似た性質をもつといわれる。多くの遷移金属は最外殻の電子数が2であるため、縦並びよりも横並びの元素がよく似た性質をもつ傾向にある（例外もある）。

遷移金属

鉄族元素

ハイゼンベルクの谷

不安定な崖（がけ）が立ち並ぶ絶景の地

ソンドル共和国の東西へ連なる巨大な渓谷（けいこく）。ここを通らなければ、行くことができない場所も少なくない。

有頂天へと通ずる谷
ハイゼンベルクの谷
Valley of Heisenberg

大陸北の海に面する山脈。
トラス山脈の山々よりも
標高は低い。

原始海岸山脈

トラス山脈

ソンドル共和国で最長の山脈。
複数の鉱脈をふくんでいる。

一水山　山頂
p.66の写真に映る非常に鋭利な山。
頂上には祖神教の教会がある。

谷間を進む

ソンドル共和国の北部に連なる巨大な渓谷。上層の岩場ほど石質が脆くなるため、谷を横切るように移動するのは非常に危険。

核図表
- 安定核
- 不安定核

陽子数

拡大！

縦軸が陽子の数（原子番号）、横軸が中性子の数を表す。ゆえに、右上に行くほど重い原子核となる。

陽子数（原子番号）

${}^{4}_{3}$Li	${}^{5}_{3}$Li	${}^{6}_{3}$Li
${}^{3}_{2}$He	${}^{4}_{2}$He	${}^{5}_{2}$He
${}^{1}_{1}$H	${}^{2}_{1}$H	${}^{3}_{1}$H	${}^{4}_{1}$H

中性子数

核子あたりの原子核の重さを
高さとして表現！

参考 p.68

核子…陽子と中性子の総称。

立体核図表

ハイゼンベルクの谷

立体核図表とは？

元素にはそれぞれ陽子数は同じだが質量数が異なる同位体（核種）が存在する。発見された3000種類以上の核種を、陽子数を縦軸、中性子数を横軸にとって並べた表が核図表である。p.68にもあるように、それぞれの原子核は核子あたりの重さが異なるので、その重さを高さとして表現したものが立体核図表である。

ハイゼンベルクの谷

立体核図表をながめると、長く深い谷間が存在しているとわかる。これはハイゼンベルクの谷とよばれ、水素などの軽い原子核を除けば、ちょうど安定核が谷底に位置するような谷になっている。

放射性崩壊とエネルギー

¹⁴₆C 炭素14

この世界に存在する炭素はほとんどが質量数12の"炭素12"だが、質量数14の"炭素14"もわずかに存在する。この炭素14は炭素12よりも不安定な崖の上にいる放射性元素であるため、寿命を迎えると放射性崩壊を起こす。
注意：立体核図表における高い崖の上の原子核は純粋に核子あたりの重さが大きいというだけで、高いほど不安定というわけではない。

寿命を迎えた原子は消滅するわけでなく、谷底へ移動し安定な原子核へと変化する。このときの移動の方向によって、放出する放射線の種類が変わる。

おもな崩壊形式と核図表上での移動
α崩壊 → α線（ヘリウムの原子核）
β(＋)崩壊 → β(＋)線（陽電子）
β(－)崩壊 → β(－)線（電子）
γ崩壊 → γ線（電磁波）

崩壊によってハイゼンベルクの谷底へ向かう傾向がある

¹⁴₇N 窒素14

高低差

崩壊することで原子核は崖を降りるが、この高低差はもともと核子あたりの質量を表していた。実質、原子核は崩壊して軽くなったが、その質量はいったいどこへ行ったのだろう？　質量とエネルギーの等価性の式を見直してみよう。

$$E=mc^2$$

エネルギー(J)　質量(kg)　光の速度
3億 m/s

エネルギー放出！

原子核は失われる質量をそのまま捨てることができず、代わりにその質量をエネルギーに変換して放出する。これが、放射線が高いエネルギーをもつ理由だ。

この反応は放射性崩壊の一例であり、当然炭素14以外の放射性同位体も同様にエネルギーをもった放射線をだして崩壊する。

$$^{14}C \rightarrow {}^{14}N + e^- + \bar{\nu}_e$$
炭素　　窒素　電子　ニュートリノ

崖下りが力を生む

p.68のように、放射性崩壊によって原子核が立体核図表の崖を降りると、膨大なエネルギーが生まれる。水素の核融合で太陽が輝くのは、原子核が水素の高台からヘリウムの低地に飛び降りるからで、原子炉のウランが核分裂でエネルギーを生みだすのも、分裂先の核種がウランよりも低い崖下にあるから。ゆえに、この崖の高さすなわち「核子あたりの原子核の重さ」は、原子核のもつ「ポテンシャルエネルギー」であるといえる。

はるか谷底の湯池鉄城

ハイゼンベルクの谷底の最も標高が低い位置にある核種は鉄56もしくはニッケル62である。これ以上ポテンシャルエネルギーが低い位置に行けないのは、その核からこれ以上エネルギーを取りだせないことを意味する。つまり、この鉄とニッケルは（無理やり崖を登らないかぎり）あらゆる核反応の終着点になるのだ。

余談　ハイゼンベルクの谷 上から見るか、底から見るか

ここから見上げる

立体核図表の谷底から最も高い水素1の方向を見上げると、周囲に山々が立ち並ぶ壮大な渓谷のような風景が見える。計算によってつくられた立体核図表が自然風景のような構図をつくりだすのは趣深い。

絶品！元素グルメの世界

Mo モリブデン
喫茶森武殿の店主
42番元素　6族　遷移金属

Co コバルト
軍人
27番元素　鉄族

Fe 鉄
軍人（遷移軍元帥）
26番元素　鉄族

Ni ニッケル
軍人
28番元素　鉄族

大陸中の美食を楽しもう！
ソンドル共和国の中央に位置し駅も近い
ため、どこからでもアクセス良好。鉄族
の士官学校や訓練場も近くにある。

元素グルメを存分に楽しめる！

喫茶 森武殿

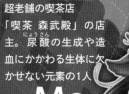

超老舗の喫茶店「喫茶 森武殿」の店主。尿酸（にょうさん）の生成や造血にかかわる生体に欠かせない元素の1人

42 Mo
モリブデン

✦ 美食の聖地！

モリブデンの経営する歴史ある喫茶店。付近にある酪農場（らくのう）で採れた新鮮（しんせん）な牛乳や豆を使った料理が人気。小さな舞台（ぶたい）もあり、運がよければ有名パペッティアのテクネチウムによる人形劇が見られることも。

失踪（しっそう）しがちな放浪の人形使い。人工的に初めてつくられた、ギリシャ語で「人工的の」という言葉にちなむ放射性の元素

43 Tc
テクネチウム

豆知識
医療に使われるテクネチウムをモリブデンの入った容器（しぼ）から取りだす作業が乳絞りに似ているため、モリブデンは「牝牛（めす）のモリー（うし）」とよばれることがある。

🌿 ヒトを形づくる元素

血肉をつくる、人体に欠かせない20の元素は「人体必須元素」とよばれている。

必須常量元素 人体の約99.4%を占める	質量比 %	必須微量元素 人体の約0.2%以下		
O	酸素	65.0	Fe	鉄（あ・えん）※
C	炭素	18.0	Zn	亜鉛
H	水素	10.0	Mn	マンガン
N	窒素	3.0	Cu	銅
Ca	カルシウム	1.5	Se	セレン
P	リン	1.0	I	ヨウ素
S	硫黄	0.25	Mo	モリブデン
K	カリウム	0.20	Cr	クロム
Na	ナトリウム	0.15	Co	コバルト
Cl	塩素	0.15		
Mg	マグネシウム	0.15		

<0.6%

99.4%

一般的な人間

このほかにも必須or必須でないかがわかっていない元素たちが人体にはたくさんふくまれているよ！

必須常量元素飯

大陸で人気の、必須元素が豊富に
ふくまれる料理をご紹介！

注意！このコーナーの料理は特定元素を豊富に
ふくむ食材を意図的に選んだ空想料理です。栄養
バランスなど一切考慮しておりませんので、実食
はオススメできません。あくまでパロディとして
お楽しみください。

炭水化物の炭水化物サンド
～炭水化物を添えて～

炭水化物の例

焼きそば
パン
じゃがいも

炭素は体をつくりあげる有機化合物の
中心であり、名のとおり大量の炭素と
水素からなる炭水化物は単糖を成分と
する三大栄養素のひとつである。

三大栄養素とは…タンパク質、脂質、炭水化物（糖質ともいう）の3つ。

6 C

炭素によるレビュー

まちがいない！喫茶森武殿の焼きそばパンは大陸一だ！いやあ、これが
大学でも食べられたら…どうにかして理学部に誘致できないか？

土龍郷風 骨太ドリアセット

Ca豊富な食べ物

ヨーグルト	きんかん
牛乳	さくらえび
チーズ	
ほうれん草	
小松菜	

カルシウムは骨格の形成や筋
肉の収縮に使われる必須元
素。吸収率は低いが、ビタミ
ンDと同時に摂取することで
吸収率を上げられる。
約1.2 kg/70 kg　成人

20 Ca

カルシウムによるレビュー

ミルクにチーズ…ヨーグルトまでついていて、美味しいですよ。
でも、毎日食べていたらお腹を壊してしまいます…

豆腐とごぼうの盛りあわせ

Mg豊富な食べ物

ごぼう
アサリ
木綿豆腐
昆布

マグネシウムは生合成酵素の活性化や
骨の成長に使われる必須元素。骨や筋
肉中に存在する。
25 g/70 kg　成人

12 Mg

マグネシウムによるレビュー

もっとにがくしても…いいのに

必須元素と海

「母なる海」という言葉があるが、人をふくめた生物の元素組成と海水の元素組成を比べてみると、かなり似ているとわかる。この組成はまさに、今存在する生物たちが地球の原始海洋に存在していた元素を材料として進化してきたことを示している。

海の元素組成（多い順）H, O >> Na, Cl >> Mg > S > K, Ca > C > N

龍の巣ごもり卵プレート

S豊富な食べ物

卵
ニラ
ネギ
豆
牛の赤身

硫黄は人体に欠かせないアミノ酸の原料になるだけでなく、タンパク質の構造維持などにも使われる必須元素。

140 g/70 kg　成人

16 S
硫黄によるレビュー

ふむ…味は悪くない。じゃが、妾には少なすぎるな…
店主、これをあと50皿用意してくれるか？

特大 低血圧パフェ

K豊富なフルーツ

さくらんぼ
リンゴ
バナナ
キウイ
スイカ
マンゴー

カリウムは細胞内外のイオンバランス調整や神経伝達に使われる必須元素。摂ると血圧を下げる効果がある。

140 g/70 kg　成人

豆知識

自然界に存在するカリウムの0.01%が放射性同位体のカリウム40である。そのため、実はカリウム豊富なバナナからは微量の放射線が出ているが、健康を害するほどではない。

19 K
カリウムによるレビュー

なんだこれ　うっめええ!!?!　ハッ…いや別に!?
フルーツなんて興味ないんだが!?

見た目のうえで、ちがいはない

セルフサービス　お冷

人体は60%程度が水で、水の構成元素である水素と酸素の人体含有量が多いのは、そのためである。水には軟水と硬水があり、硬度の高い水はカルシウムとマグネシウムが比較的多くふくまれ、後味や飲みごたえも異なる。

軟 水

硬 水

必須微量元素飯

大陸で人気の必須微量元素が
豊富にふくまれる料理をご紹介！

美食 貝鮮鰻御膳（かいせんうなぎごぜん）

Zn豊富な食べ物

鰻（うなぎ）
牡蠣（かき）
ホタテ

亜鉛は細胞分裂や味覚にかかわる必須微量金
属。不足すると味覚障害や貧血を引き起こ
す。もし料理を食べたときに味を感じにくく
なったり、爪（つめ）が割れやすくなったりしたら、
体内の亜鉛が不足しているのかもしれない。
約2 g／70 kg　成人

30 Zn

亜鉛によるレビュー

ちょっと値が張るけど、貝類が好きならこれを頼めばまちがいないよ。
それに、食べるたびにどんどん美味しくなっていく気がするんだよね

レバーの甘辛煮（あまからに）

Fe豊富な食べ物

シジミ
豚（ぶた）レバー
ほうれん草

体内に存在する鉄はその65%がヘモグロビ
ンとして赤血球に存在する血液の生成に必
須な微量金属元素。血が赤いのは、鉄をふ
くむヘモグロビンが赤いためである。
約3 〜 6 g／70 kg　成人

26 Fe

鉄によるレビュー

…フン、舌ばかり肥えて 兵糧（ひょうろう）で満足できなくなったら困る。
だが、まあ…味は確かだ

喫茶 森武殿名物 三色豆団子

Mo豊富な食べ物

大　豆
小　豆
枝　豆

モリブデンは造血や尿酸の生成などに
使われる、ほ乳類にとって必須の微量
金属元素。豆類に多くふくまれる。
必要量：0.02 g／日

42 Mo

モリブデシによる宣伝

アンタ、豆は好きかい？ ほら、食べな！ これはサービスだよ！

有毒?! 微量元素飯

毒として名高いのに必須もしくは微量元素として人体に存在する元素が入った料理をご紹介!

注意! このコーナーの料理は特定の有毒元素を豊富にふくむ食材を意図的に選んだ空想料理です。あくまでパロディとしてお楽しみください。

ひじきと切り昆布のキッシュ

As豊富な食べ物

海苔（のり）
昆布（こんぶ）
ひじき

ヒ素はヒトの代謝経路などにかかわるといわれている微量元素。無機化合物は毒殺にも使われるほどの有毒元素であるが、ひじきや昆布にふくまれる有機ヒ素化合物は毒性が低い。

33As

砒素によるレビュー

うぅ…どうしてうまくいかないの? 猛毒の食材をつめこんで毒薬をつくるはずだったのに…キッシュができるなんて聞いてないわ!

帝国を狂わす 甘いワイン

鉛は血液中のヘモグロビン合成をさまたげ、神経系を侵す猛毒の微量元素。必須元素ではないが、蓄積性があるため日々の食事などでだんだん蓄積する。鉛の毒性が知られていなかった古代ローマでは果物を鉛の鍋（なべ）で煮るだけで得られる鉛糖（酢酸鉛（むしょう））が甘味料として流行していた。当時のローマ支配者を蝕んでいた、精神や身体の障害はその甘い鉛糖による鉛中毒の表れではないかと考えられている。

82Pb

鉛によるレビュー

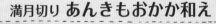

…少し昔の話、これを飲んで自分のことを獅子（しし）だと思いこみ、四足歩行で野に駆けだしたまま帰ってこなかった人がいたわ

満月切り あんきもおかか和え

Se豊富な食べ物

かつお節
あんきも

セレンは体内での免疫促進や水銀のような重金属の解毒などに使われる必須の微量金属元素。一方で、摂取推奨量（すいしょう）の幅が非常にせまく、過剰に摂ると神経障害や皮ふ炎を引き起こす。

34Se

セレンによるレビュー

私の一番好きな料理です。ええっと、万人受けはしないのですが…

合金武器屋へ行こう

ここで装備していくかい？

Mn マンガン

武器屋『黒慈庵（こくじあん）』店主
25番元素　7族　遷移金属

アイゼンブルクの西側に存在する中規模の武器屋。鍛冶場も併設されており、遷移鉄軍に多くの武器を供給している。

合金武器を手に入れよう！

鋼鉄の剣

さまざまな合金のベースになる金属の王様。鉄は炭素の含有量で硬度などの物性が大きく変わる。そのため、ふくまれる炭素の割合が、0.02%以下は純鉄、0.02～2.06%は鋼、それ以上を鋳鉄という。

$Fe + C$

高い硬度

安価で加工が容易

対摩の斧

摩擦に強いコバルトは単体ではあまり使われないが、ほかの金属とは多種多様な合金をつくる。ニッケルやクロム、モリブデンを加えたコバルト合金は摩耗に強く、高温時でも高い強度を保つ。

高温でも硬度を保つ

摩擦に強い

$Co + Ni + Cr + Mo$

どれだけ摩擦されてもくじけませんわ！

コバルト

不動の槍

ニッケルは腐食に強く、めっきや合金材料に使われる。ニッケルにクロムや鉄などを混ぜた腐食に強い合金は「ステンレス」の名で親しまれている。

$Fe + Cr + Ni$

腐食に強い

耐熱性が高い

さびずに銀色を保てるのも魅力ですよ

ニッケル

高速度鋼剣

すばやい切削を可能にするために開発された合金。クロムが約4%ふくまれており、この高速度鋼の開発で金属クロムの需要が急増した。

$$Fe + W + Cr + V$$

── 優れた耐食性

すばやさも大切な
ステータスさ

クロム

満俺大剣

マンガンを1.2%程度ふくむ合金鋼はマンガン鋼とよばれる。引っぱり強さや靱性が高く、価格も手ごろなのが特徴。

── 引っぱり強さが高い

$$Fe + Mn$$

── 靱性が高い

まずは安価な武器が
おすすめなんだな〜。

マンガン

大狼の爪

ダイヤモンド、炭化ホウ素に次ぐ硬い物質である炭化タングステンとコバルトの合金は非常に硬く摩耗に強いため、ボールペンやドリルの先に使われている。

── 硬度が非常に高い

── 摩耗に強い

$$W + C + Co$$

あら、オシャレじゃない♡

タングステン

周期表の歩き方

03 ランタノイド元素の地底国家

サモンダルア

アスティオン大陸の南方にある大きな離れ島は
一見無人島だが、その地下には広大な
地下王国が広がっている！

地底の大都市を望む

閉ざされた鉱山のなかへ

Nd ネオジム

地底の交通誘導員
60番元素　ランタノイド元素

La ランタン

サモンダルア国王
57番元素　ランタノイド元素

タニド列島の地下には東西へ連なる地底の王国サモンダルアがあり、その首都ディディモシティを中心として都市が広がっている。

ダンジョン暮らしの希土類の国
サモンダルア

簡略マップ

イブレティ村

深き谷オーブグルへ

採石地区

首都 ディディモシティ

ランタノイド元素

地下王国

希土類元素たちが住まう地下都市の発展したタニド列島の島国。約200年前までは鎖国状態が続き、閉ざされた鉱山であった。新しく即位した隠れたがりの国王の努力により、少しずつ外交のある明るい国へと変化している。

ランタノイド元素

ランタノイドは第6周期第3族にあたる15元素の総称である。57番元素のランタンから連なるランタノイド元素はそれぞれの性質が類似しているため単体を分離しにくく、最初にランタノイドが発見されてからすべてそろうまでに100年を超える歳月を要した。

57La
ランタン

隠れたがりの性格のサモンダルア国王。ランタンは隣りの58番元素セリウムが発見されてから36年ものあいだ、セリウムの影に隠れ続けて発見されなかった。このため、ギリシャ語で「気づかれない」という意味の単語ランタノーから名づけられた

ランタノイドは家族同然？

放射性のプロメチウムを除くランタノイドの14元素は、すべてたった2種類の鉱石から発見された。ただでさえ性質のそっくりなランタノイドがひとつの鉱石に何種類も入っていたのだから、当然、複数元素の混合物を単体と勘ちがいしてしまったケースが多数存在する。なかには「双子」と名づけられたのに双子どころか子だくさんだった元素も…。

Tb　Lu　La

Er　Ce

Dy　ガドリナイト　Yb　セライト　Ho

Gd　Sm　Eu　Tm

左右の2つの元素の名前についている「ジム」は双子という意味の言葉「ジジモス」から取られているが、この2つの元素が双子という訳ではない。厳密には「ランタン単体と思われていた物質から分離されたPrとNdの混合物」が、ランタンに対して双子と名づけられていたことにちなむ

59 Pr
プラセオジム

60 Nd
ネオジム

周期表の歩き方 番外編のご案内

アクティス列島

重い雲に包まれた薄暗い列島。大陸本土を追放された放射性元素が集まる危険な地であり、覚悟なき者が立ち入ることは許されない…。

第5楽章

不安定の海

アスティオン大陸の東方へ広がる大海原。現れては消える不安定の島を出発し、未知と安定を求める旅は危険と浪漫にあふれている！

終楽章

第3楽章

「キミに真実を託そう。一語の虚言もなく、すべて信ずるにたる真実、だよ」

魔術と科学の狭間

✦ 昔日の四神

かつて、この大陸には「四神」とよばれる四柱の神がいた。四神はそれぞれ風、水、土、火を司り、この世の万物を創造したといわれていた。ところが、大陸に次つぎと現れた現世の象徴である「元素」たちに存在を否定されてしまう。やがて、大陸では存在しない神を信仰するよりは自分たちの直接的な祖先を信仰しようとする風潮が広がり、もはや四神を信仰するものはほとんどいなくなってしまった。神は神話に成り下がったのだ。

湿(しつ)

Wind 風 Water 水

熱

冷

火 Fire 土 Earth

乾(かん)

プラトンの軛

四大元素 ～ the four elements ～

今でこそ、この世界を形づくる「元素」は100種類以上存在するが、最初からこのようなたくさんの元素が認められていたわけではない。創造神話では、すべての物質は神の力で虚空から生まれたとされる。この創造神話にたよらず、哲学の祖タレスは万物の根源が水であると主張したことから哲学が始まった。古代ギリシアの哲学者エンペドクレス以来、長いあいだにわたって風、水、土、火の「四大元素」が万物の源であると考えられてきた。

火の元素

16S 硫黄

有史以前から知られる元素。火山に多く存在し、青い炎をだす。燃えやすいため、錬金術の時代には燃焼に不可欠な物質と考えられていた。

15P リン

同素体によっては常温で自然発火する元素。日本に伝わる狐火（きつねび）は、腐敗した生物から生じる黄リンの燃焼による光とも考えられている。

6C 炭素

炭素を骨格として構成される。有機物は温度を上げると分解し、空気中の酸素と勢いよく結合──つまり燃焼する。

共通項目（こうもく）

8O 酸素

ものが燃えるのは、物質と酸素が結合するためである。

存在しない火の元素

ほかの四大元素は複数の今ある元素が混ざったものといえるものだったが、火だけは「物質」ではなく「現象」であると理解されている。火とは、有機物や硫黄、リンが燃焼によって変化し、よりエネルギー状態の低い、つまり安定な状態に変化する際にその安定になった分のエネルギーが熱や光として放出される現象であり、知覚できても実体は存在しない。しかし「ものが燃える」という身近で鮮烈な現象の所以（ゆえん）を説明するために、18世紀の化学者たちは「燃素（せんそ）」という実際には存在しない物質を元素のひとつとして、およそ100年ものあいだ信じていた。（フロギストン説→p.96）

₇N 窒素

大気中で最も体積が大きく、約78%を占めるやや不活性な元素。

₁H 水素

最も軽い可燃性の常温気体元素。

₈O 酸素

大気中で2番目に体積が大きく、約21%を占める生命活動に欠かせない元素。

₂He ヘリウム

大気中で6番目に体積が大きく、約0.0005%を占める不活性な貴ガス元素。

風の元素

₁₈Ar アルゴン

大気中で3番目に体積が大きく、約1%を占める不活性な貴ガス元素。

₁₀Ne ネオン

大気中で5番目に体積が大きく、約0.0018%を占める不活性な貴ガス元素。

見えない天使の見つけ方

地球を取り巻く大気は無色透明で、温度や湿度以外でちがいを感じないため、単独の物質に思えるかもしれない。ただし、実際は多くの気体元素が集まった混合物である。見るからに混合物である土が四大元素から除外されたのちに、化学者たちはものを「燃やせる空気」と「燃やせない空気」のちがいから、空気も異なる気体の混合物であると気づく。それが目に見えず、手でつかめない気体を分類する化学の始まりとなった。今では沸点のちがいで容易に分離できる気体元素も、手探りの時代に分類するのは非常に難航していたため、気体(ガス)が混沌(カオス)から名づけられていたのはいい得て妙である。

H₂O 水

水素と酸素からなる化合物。最も普遍的な常温液体の物質である。その一方で、固体が液体に浮くといった特異的な性質ももちあわせている。

80 Hg 水銀

金属で唯一の常温液体元素。猛毒であるが、かつては不死の薬として飲用されていた。

水の元素

35 Br 臭素

水1 kg中に約0.07 gふくまれる、非金属で唯一の常温液体元素。

11 Na ナトリウム

海水1 kg中に約11 gふくまれるアルカリ金属元素。

17 Cl 塩素

海水1 kg中に約19 gふくまれるハロゲン元素。

母なる海、母なる水

変幻自在の水は四大元素のなかで最も早く、万物の根源であると考えられた物質である。実際、水は雲や雨、気圧や気温などの世界を取り巻く気象と深くかかわり、生物は水のある環境から生まれたため、生体とは切っても切れない。水の星である地球において、水の大半は海として存在している。海のなかには水の材料である酸素や水素のみならず、塩の材料である塩素やナトリウムをはじめとした多種多様な元素のイオンが存在し、その組成は人体の元素組成と類似している。また、錬金術の時代には実際水とは関係のない唯一の常温液体金属である水銀が、水の精として錬金術の鍵を握っていた。

$_8O$ 酸素

地殻中の質量存在比が1番多く、約47%を占める元素。当然気体としてではなく、ほかの元素の酸化物として、固体で存在する。

$_{14}Si$ ケイ素

地殻中の質量存在比で2番目に多く、約29%を占める元素。単体では存在せず、そのほとんどは酸化物の形で存在する。

土の元素

$_{13}Al$ アルミニウム

地殻中の質量存在比で3番目に多く、約8%を占める元素。ケイ素と同様に単体では存在せず、多くは酸化物の状態で存在する。

$_{26}Fe$ 鉄

地殻中の質量存在比で4番目に多く、約6%を占める元素。地球の中心部である核の大半が鉄やニッケルで構成されると予想されている。

岩盤は元素たちの隠れ家

「大地」といっても、そのすべてが一様であるわけではない。大地のなかで、われわれ人類がかかわる1番外側の部分を「地殻」とよぶ。平均30km程度の厚さで、地球の半径から見れば2%にも満たない。その卵の薄い殻の部分に、われわれが出会うことのできる約90種類もの元素が隠れていたのである。地殻は酸素やケイ素、アルミニウムの3元素が3/4以上を占めているが、実はこれらの多量に存在する元素が見つかったのは18世紀や19世紀と、かなり最近になってからだ。われわれ人類が真っ先に地殻から見つけた元素は、金や銀などの単体で存在する元素や精製しやすい鉄や銅などの金属であった。元素の発見しやすさは量ではなく、その性質が鍵である。

1H
水素

この宇宙で最初に生まれた元素であり、すべての元素の材料となった母でもある。

8O
酸素

生物が生きるためにおこなう活動は、化学的に見ると酸化反応で、その活動を支配しているのが酸素である。

✦ 現世の神

四神が否定され、数多の元素が命をもち生活するこの大陸で信仰される神は、すべての元素の直接的な祖先——すなわち水素様である。これはこの世界の森羅万象、そして万物の源である元素のすべては水素から始まったという教えにもとづいている。（第4楽章p.99を参照）

水、そして酸素が世界を握る

ギリシア哲学は水が万物の源であり、子宮であるという命題から始まる。万物の源とまではいかなくても、実際に水は水素と酸素というたった2種類の元素からなる分子であり、かれらは周期表の2つの席に鎮座し、世界を創り上げている。そして、とくに酸素は先ほどの四大元素に関連するすべての要素と深くかかわるように、目に見える現象や物質の多くに関連している元素であり、生命の循環の鍵を握る元素でもあるのだ。

古代元素の体系

周期表が生まれるはるか昔は、その時代と国の『物質観』にもとづいた元素の体系が築かれ、元素のみならず天体や形、生き物、方角と結びつけられていた。

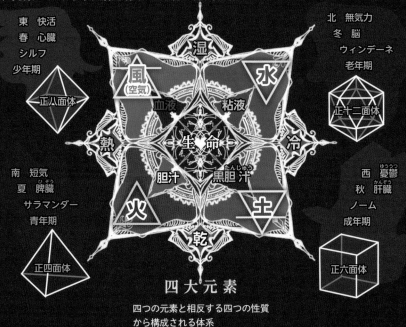

東　快活
春　心臓
シルフ
少年期

正八面体

南　短気
夏　脾臓
サラマンダー
青年期

正四面体

湿

風
（空気）

水

血液　　粘液

熱　　　生♥命　　　冷

胆汁　　黒胆汁

火

土

乾

北　無気力
冬　脳
ウィンデーネ
老年期

正十二面体

西　憂鬱
秋　肝臓
ノーム
成年期

正六面体

四 大 元 素

四つの元素と相反する四つの性質
から構成される体系

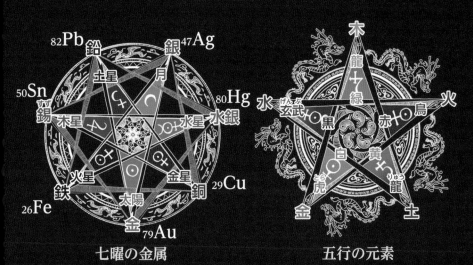

82Pb 鉛　　　銀 47Ag

土星　　月

50Sn 錫　木星　水星 水銀 80Hg

火星　金星

鉄　　太陽　　銅 29Cu

26Fe　　金 79Au

七曜の金属

古代から知られる7つの金属と惑星を性質で
結びつけた体系。曜日名の元となっている

木
龍

緑

水　玄武　　黒　火　鳥
赤

白　黄

虎　　　龍

金　　　土

五行の元素

古代中国で知られていた5種類の
元素からなる五行とよばれる体系

16S

錬金術的要素としての硫黄
は、能動的な原理として男
性性を表している。

80Hg

錬金術的要素としての水銀
は、受動的な原理として女
性性を表している。

火の精と水の精

錬金術で重視されていた理論に『三原質説』がある。すべての金属（または物質）が硫
黄と水銀と塩からなるとする理論であり、これらの元素は今ある硫黄や水銀と必ずしも
一致しない。硫黄を父、水銀を母と見なし、この2つの原質を「化学的結婚」させるこ
とで、新しい命を誕生させることができると考えられていたのだ。

錬金術

神が世界を創造したその過程を人の手で再現するおおいなる作業、それが「錬金術」である。錬金術の究極的な目標は生命を生命たらしめる精（エリクシール）への到達や人類の病を治し不老長寿を実現させることであったが、それに到達するまでの過程で錬金術という名のとおり、卑金属を金や銀などの貴金属へ変化させる技術を探求していた。

象徴と記号

錬金術の技術を外部に漏出させず弟子にのみ継承するために、錬金術師たちは実在あるいは架空の動物などの象徴や記号を用いて、知識や奥義を図解した。

ドラゴン

有翼のドラゴンは水銀、揮発性を表し、無翼のドラゴンは硫黄、不揮発性を表す。

ウロボロス

死滅と再生、能動と受動など、錬金術における対立と変容を表現している。

ライオン

赤いライオンは賢者の硫黄を表し、緑のライオンは賢者の水銀を表す。

蛇

生命や本能の象徴であり、錬金術の守護神がもつ杖カドケウスにも2匹の蛇が巻きついて描かれている。

鳥

翼そのものが揮発性を表し、上昇する鳥は水銀の揮発を、下降する鳥は凝固を意味している。

ヒキガエル

錬金作業の素材であり、猛毒の汗とともに描かれることが多い。

| 硫黄 | 塩 | 水銀 | 銀 | 銅 | 金 | 鉄 | 錫 | 鉛 |

賢者の石

西洋中世の錬金術師たちは、「あらゆる物質を金に変える」力をもち、「万病を癒す不老不死の薬」にもなる究極の物質——『賢者の石』を探し求めた。

当然、錬金術師たちは何の根拠もなく賢者の石という存在をでっち上げたわけではない。賢者の石の正体といわれる赤色の硫化水銀を卑金属の鉛とともに燃やすと、なんと！ 鉛が金色に輝くのである。これを見た人びとが、鉛が金に変化したと信じるのはおかしな話ではないだろう。……もちろん、中身が鉛であることに変わりはなく、その金色に金はふくまれないのだが。実際には、化学反応によってつくられた酸化水銀が、鉛の表面をおおって金色に見えているだけなのだ。

リプリー・スクロール

賢者の石のつくり方について、上から下へ手順に沿って描かれている実在する巻物。賢者の石の秘密を守るため意図的に曖昧（あいまい）に表現されており、今も完全に解明されていない。ただし、前述した錬金術における動物の比喩（ひゆ）表現をふまえてみると、ある程度は読み取ることができる。

第一段階『白化（アルベド）』の段階

英智（えいち）と知識の象徴である木が浸かる浴槽（よくそう）のなか、白石から抽出（ちゅうしゅつ）される硫黄を表すアダムと水銀を表すイヴが描かれている。

第二段階『黒化（ニグレド）』の段階

ドラゴンが錬金術の材料を表すヒキガエルを飲みこもうとする図は、硫黄と水銀を混合させ黒石（または赤石）が発生することを表す。

第三段階『赤化（ルベド）』の段階

赤いライオンが表す硫黄と緑色のライオンが表す水銀を抽出する鉱石を黒石に加え、炎で加熱すると赤石が発生することを表している。

第四段階　蒸気の発生

ヘルメスの鳥は再生を表し、賢者の石をつくる過程で大量の蒸気が発生することを示す。自身の羽をついばむ姿は錬金術の熟知を表す。

第五段階『賢者の石』の誕生

ここまでできれば、操作は完了。完成した賢者の石は白石、黒石、赤石の結合によって表され、背景の太陽は金を表し、月は銀を表している。

忘れられた元素 ──フロギストン理論

かつてはものを燃やすには燃素が必要であり、ものを燃やすと放出される物質が燃素であると説明されていた。ところが、木炭のように燃やすと軽くなる物質がある一方で、金属のように重くなる物質もある。物質がぬけているのに重くなるとはいったい？　そういった矛盾の原因を明らかにするために、実験がおこなわれた。ものを燃やしていたのは酸素であり、燃やした炭が軽くなるのは二酸化炭素が抜けるから──。こうして、最終的に燃焼を説明するのに燃素は必要ないという結論にまとまる。燃素は現代の理論には登場しない廃れた理論で、この燃素の「嘘」が科学を大きく進展させ、その進展のために終焉にまで追いやられた存在なのだ。

フロギストン理論のポイント

・ものが燃えるのは、燃素が空気中に放出される現象

・ガラス鐘のなかでロウソクが消えるのは、
　空気が燃素で満たされるため

・酸化してしまった金属を木炭と加熱すると、
　燃素が金属酸化物に移り金属を再生できる
　→現代の精製法の一種

黎明期における空気

金属を酸でとかすと生じる"燃える空気"　→　水素
石灰水に通すと沈殿する"固まる空気"　→　二酸化炭素
"フロギストンと結びついた空気"　→　生物を殺す"毒の空気"　→　窒素
"フロギストンぬきの空気"　→　火を活発にする"火の空気"　→　酸素

燃　素
フロギストン

大陸から去り、忘れられた者。
純粋なものだけに命が宿る世界
において、曖昧であることは命
取りである。

第4楽章

「星の子よ、何処から来て、何処へ向かうのか」

原初の者

紀元の起源

『原初の者』 ──作者不詳

アスティオン大陸で最もポピュラーな祖神教
の宗教画。絵の中心に描かれた「水素」は、
この世界を象徴する元素たちや万物を生みだ
した事実上の「祖先」として、多くの人びと
に崇められている。

すべての始まり、ビッグバン

この世界をつくるあまたの原子は、無限遠の過去からずっと宇宙に存在していたわけではない。宇宙はつねに膨張し続けているが、この宇宙の過去をさかのぼると、ある1点ですべての星くずが集結する。それが本当の意味での"すべての始まり"であり、今からおよそ138億年前の宇宙で起こった「ビッグバン」である。

原子の原始

すべての祖先——水素

この宇宙で最初に生まれた元素は何か？　もちろん、陽子1個からなる最も単純な原子核構造をした元素——つまり水素である。そして、ヘリウムやリチウムをはじめ、水素よりあとに生まれるさまざまな種類の元素たちはみな、水素を材料として生まれているのだ。第4楽章では、この世界に存在する元素の起源をめぐる物語を、宇宙の始まりから追って解説する。

起源を巡る星の旅

このイラストはビッグバンから始まる宇宙□
で、自然界に存在する元素がどのようにし□
生まれたかという流れをらせん状に配置し□
ものである。中心部からららせんをたどり、□
素の起源を知る宇宙の旅に出かけよう。

1 ビッグバン ————————————

2 素粒子の誕生 ————————————

3 核子の誕生 ————————————
  1番元素の原子核

4 ビッグバン元素合成 ————————
  1〜3番元素の原子核

5 原子の誕生 ————————————
  原子核が原子の形へ

6 水素の雲ができる ————————

7 雲が凝縮し、星になる —————

8 星のなかでの核燃焼 ————
  2〜26番元素の原子

9 鉄より重い元素の合成 ——————————
  自然界にあるすべての元素

❶ ビッグバン

すべてはここから始まった。

❷ 素粒子の誕生

ビッグバンから100億分の1秒後、陽子や中性子の材料になるクオークなどの素粒子が誕生した。

❸ 核子の誕生

ビッグバンから1万分の1秒後、素粒子が集まり陽子や中性子とよばれる核子が誕生した。水素の原子核は陽子そのものなので、この時点で水素の原子核が誕生していたことになる。

陽子（水素の原子核）はアップクォーク2つとダウンクォーク1つからできている。

❹ ビッグバン元素合成

ビッグバンから3～5分後、生まれた陽子と中性子が衝突を繰り返し、多量のヘリウムと微量のリチウムが合成される。

ビッグバン元素合成におけるヘリウム4の合成経路。意外と複雑？

陽子　中性子
（水素の原子核）

ヘリウム4

❺ 原子の誕生

ビッグバンから38万年後、宇宙を飛び回っていた「電子」はやがて落ちつき、つくられた原子核のまわりにくっつくことで、私たちの身のまわりにあるものと同じ「原子」の形になった。

❻ 水素の雲ができる

できた原子はゆっくりと互いに集まり、大部分が水素でできた巨大な雲になる。

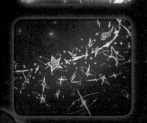

❼ 雲が凝縮し、星になる

ビッグバンから10億～100億年後、ゆっくりと凝縮し続けた雲は、やがて「星」になる。

⑧ 星のなかの核燃焼

2番元素ヘリウムから26番元素の鉄まで、それぞれの元素は「星のなか」で核融合することにより生まれていく。

⑧❶ 水素燃焼

星の元素合成は、その大半を占める水素を材料として、まずヘリウムを合成する。まさに太陽がこの段階にある星の1つだ。(p.31参考)

⑧❷ 三重アルファプロセス

水素燃焼で高温になった星はつくられたヘリウム4（＝アルファ粒子）3個を"ほぼ同時に"くっつけることにより、炭素12を生みだす。

3つのヘリウム4

炭素12

ベリリウム8
（不安定！）

もしくは崩壊

> 実際の星も、この図のように玉ねぎ状に元素合成が進む

$_1^1H$

$_2^4He$

$_1^1H$

$_6^{12}C$　$_2^4He$

$_1^1H$

$_2^4He$

$_6^{12}C$

$_8^{16}O$

この途中の過程で生まれるベリリウム8はやや不安定な原子核であるため、次の核融合が多少阻害される。ベリリウム8がもしも安定な原子核であれば、一気に核融合が進みすぎて膨大なエネルギーが生じ、星は破裂してしまう。このベリリウム8の不安定さが、元素合成の絶妙なバランスを保っているのだ。

> アルファ粒子（＝ヘリウム4）を整数倍した数の陽子や中性子をもつ原子核のことをアルファ元素とよぶ。

⑧❸ アルファ元素の合成プロセス

つくられた炭素12はさらにアルファ粒子を取りこみ続けることで、酸素16やネオン20のようなアルファ元素が合成される。また炭素や酸素どうしでも核融合を起こし、最終的にケイ素までの原子核がつくられる。生命に欠かせない炭素や酸素などの原子は、これらの段階で大量につくられていたのだ。

アルファ粒子

最終的に…

炭素12　　酸素16　　ネオン20　　ケイ素28

$_1^1H$
$_2^4He$
$_6^{12}C$
$_8^{16}O$
$_{14}^{28}Si$

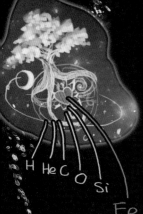

8 ④ アルファプロセス

ケイ素以降の原子核では、せっかく合成した原子核がアルファ粒子を逆にはきだしてしまう現象が起こる。しかし、そのはきだされたアルファ粒子もほかの原子に衝突して取りこまれ、そのくり返しで陽子と中性子の数を増やし、最終的にハイゼンベルグの谷底の鉄とニッケルにまでたどり着く。こうして星での元素合成は終焉を迎える。

暑すぎだ！

うわっ!?（核融合）

高温のケイ素28（など）　アルファ粒子　ほかの原子核

くり返し

ハイゼンベルグの谷底の鉄やニッケル

鉄より重い元素はどうやって生まれる？

立体核図表の高さはポテンシャルエネルギーを表し、立体核図表の崖を下るような核融合はエネルギーを生みだす。しかし、鉄より重い元素を合成するには上り坂を上らなければならず、核融合によって逆に膨大なエネルギーを消費して、星の温度を下げてしまう。さらに原子番号が増えるにつれて原子核の陽電荷は大きくなり、合成の材料にしていたヘリウムとも陽電荷どうしが反発するため、核融合しにくくなるのだ。

水素

鉄

立体核図表の谷間（≒安定核）だけを横から見た図だよ

鉛

ウラン

ハイゼンベルグの谷 断面図

下り坂！

上り坂！

こうなると、鉄よりも原子番号の大きい鉛やウランといった元素をつくるのは難しいように思える。ところが、これらの元素は自然界に存在している。いったい、どうやって生まれたのだろうか？　ここから先の元素合成で鍵になるのが、電荷がなく陽子と反発しない「中性子」である。

❾ 鉄より重い元素の合成

鉄より重い元素の合成ルートは大きく分けて2つある。ゆっくりと合成するsプロセ^{slow}スと、すばやく合成するrプロセスだ。いずれも中性子を吸収し、β崩壊することで重い元素が合成されていく。以降のイラストでは、中性子を食べ物として表現する。

❾❶ sプロセス

sプロセスは鉄などの軽い核が種となり、中性子を約10万年に1個のペースで取りこんでいく。**気が遠くなるほど緩やかな元素合成。**

放射性同位体がつくられる場合、1個の中性子を捕獲してから次の中性子を捕獲するまでの待ち時間に、β崩壊する余裕は十分にある。そのため、数個の中性子を取りこんではβ崩壊をする過程をくり返しながら、原子番号は大きくなっていく。

安定な原子核はハイゼンベルグの谷に沿ってつくられるのが特徴であり、rプロセスと大きく異なる点でもある。

中性子捕獲

$^{59}_{26}$Fe

β崩壊！

$^{59}_{27}$Co

β崩壊とは

原子核はβ崩壊すると電子を放出するが、その過程で原子核のなかの中性子の1個が陽子に変化するため、原子番号が増える。

中性子捕獲待ち

$^{138}_{56}$Ba

$^{139}_{56}$Ba

中性子捕獲

sプロセスは最終的に鉛とビスマスがぐるぐると変化するサイクルにまで行き着き、それ以上重い元素はつくれない。

sプロセスの終端

84番元素のポロニウムは不安定元素であり、次の中性子を待つあいだにα崩壊してしまう。そのため、sプロセスでつくれる最も重い元素は、83番元素のビスマスまでである。

$^{139}_{57}$La

β崩壊！

終点

$^{210}_{84}$Po
α 100%

$^{209}_{83}$Bi $^{210}_{83}$Bi
α 100%   β- 100%

$^{206}_{82}$Pb $^{207}_{82}$Pb $^{208}_{82}$Pb $^{209}_{82}$Pb
stable   stable   stable   β- 100%

$^{208}_{82}$Pb

$^{209}_{83}$Bi

α崩壊

❾ ❷ rプロセス

83番元素ビスマスまでの元素は「星の成長過程」で合成された。ところが、それより重い元素を生みだしうる元素合成の第2のルートのrプロセスでは、猛烈な量の中性子が放出される超新星爆発や中性子星合体など「星の終末」の環境下で発生する。

rプロセスは、種となる原子核が一瞬のうちに大量の中性子を取りこむ**目にも留まらないすばやい**元素合成。

そのため、1個の中性子を捕獲してから次の中性子を捕獲するまでの待ち時間はほとんどなく、多量の中性子捕獲と一気に複数回β崩壊することをくり返して、原子番号は大きくなる。

sプロセスとは異なり、ハイゼンベルグの谷から外れた中性子過剰な原子核が生成されるルートで元素合成が進行する。

たくさん中性子捕獲

$^{121}_{38}Sr$

ちょっとβ崩壊

$^{121}_{39}Y$

魔法数とは？

rプロセスで連続β崩壊するポイントは、中性子数が50、82、126などの魔法数とよばれる数のときである。原子核にふくまれる核子の数がこの魔法数と一致する場合、原子核は比較的安定であることが知られている。

たくさん中性子捕獲

限界···

$^{128}_{47}Ag$

$^{129}_{47}Ag$

最終的に中性子過剰で不安定な重い原子核が生成され、核分裂もしくは連続β崩壊で終端を迎える。

中性子数が魔法数の場合 **連続β崩壊！**

rプロセスの終端

すべてが鉛とビスマスに行き着くsプロセスとは異なり、rプロセスでつくられる原子核はすべて不安定である。そのため、核分裂または連続β崩壊を起こして安定核種になるまで崩壊や核融合が続く。

$^{132}_{50}Sn$

魔法数

超限界!!

連続β崩壊

$^{131}_{46}Pd$　　$^{131}_{46}Pd$

核分裂

$^{261}_{92}U$

106

sプロセスとrプロセスの核図表上での挙動

縦軸に原子核の陽子数、横軸に原子核の中性子数をとった核図表上で、sプロセスと
rプロセスの元素合成の挙動をまとめた。

また、それぞれのルートでの元素合成の終端をまとめると、下図のようになる。

陽子の多い原子核のつくり方

sプロセスやrプロセスではつくることができない、陽子が多く安定した原子核も自然界にはわずかに存在する。これらはp核とよばれ、また異なるルートでつくられる。

番外編 ◆ ❶ 軽いp核のpプロセス

超新星爆発などの影響で発生するガンマ線を受けて原子核が崩壊し、p核に変化する過程をpプロセスという。つくられるp核が軽いか重いかで、挙動は変化する。軽いp核は中性子放出や陽子放出、α崩壊などさまざまなルートでつくられる。

番外編 ◆ ❷ 重いp核のpプロセス

一方、重いp核は基本的に同一元素の同位体の中性子放出によってつくられる。まれにα崩壊を通じて重い原子核から生成されることもある。

※②は希少なケース

番外編 ❷ rpプロセス

超新星爆発のなれの果てである中性子星がその強力な重力によって相方の星の表面にある水素を吸収し、中性子星表面の原子核がすばやく陽子を取りこみ、陽子過剰核をつくりだす過程。ただし、原子核は陽子を取りこみにくいため、rプロセスよりもひかえめな動きになる。

宇宙の元素合成でつくられる原子核まとめ

Hビッグバン

〜Heビッグバン元素合成

〜C三重アルファプロセス

〜Siアルファプロセス（酸素燃焼など）

〜Feアルファプロセス（ケイ素燃焼）

中性子の多い原子核…rプロセス
陽子の多い原子核…pプロセス、rpプロセス

〜Uなど rプロセス

〜Bi sプロセス

第5楽章

「山があれば谷もある。
不安定に生きるのもまた人生」

脆い力

放射性元素の生態報告書

「放射性物質」は自身の崩壊を代償に、人体に甚大な被害をあたえうる物質のこと。
「放射線」を放出する、安定な元素にはない強力な能力――つまり「放射能」をもつ。

放射性物質
放射能をもつ物質

放射線
高いエネルギーをもつ粒子
や電磁波のこと

被害者
放射線にさらされる
ことを被ばくという

「放射線」の種類

放射線にはいくつかの種類がある。いずれも目に見えないが、それぞれ透過力や被ばくしたときの被害の大きさ、特徴が異なる。

α線… 高速のヘリウム原子核。
防御しやすいが、威力 が高い

β線… 高速の電子。物質に衝突する
と、X線をだす

γ線… 高エネルギーの電磁波。
遮へいが困難

中性子線… 高速の中性子。
水によく吸収される

紙　アルミ板　鉛板（厚さ10 cm～1 m）　水

放射性物質に出会ったときの対処法

離れる

遮へいする

被ばく時間を短く

周期表の歩き方 EX

04

アクチノイドの研究機関
アクティス列島

重い雲に包まれた薄暗い列島。大陸本土を追放
された放射性元素が集まる危険な地。
悟覚なき者が立ち入ることは
許されない。

光さす霧の箱庭

Md メンデレビウム

元研究者の作家
101番元素　アクチノイド元素

U ウラン

臨時研究員
92番元素　アクチノイド元素

アクティス列島の中心都市。日々、放射性に
由来する体質に悩まされるアクチノイド元素
たちの、ひとときの憩いの場となっている。

霧の箱庭
ネブリーナ商店街
Neblina shopping arcade

✦ 霧箱の街

分厚い暗雲に包まれたアクティス列島で唯一、陽の光が届く地域にある商店街。放射性元素が通ると周囲に不思議な雲が現れることから、霧箱の街とよばれている。

🦋 放射線を見るには？

放射性物質から出る放射線は目に見えない。それどころか、当たっても熱くなく、痛くもない。このように認識しにくいため、放射線は恐れられている。しかしながら、霧箱とよばれる実験装置を使うと、放射線が通過した痕跡を目視で確認できる。

🦋 霧箱のしくみ

アルコールの過飽和蒸気内を放射線がとおると、ぶつかった分子がイオンになり、液滴がつくられる。このため、放射線のとおる軌跡がまるで飛行機雲のように霧となって現れる。

見える
見えない
水滴
イオン
放射線

🦋 自然界の放射線

放射線は身のまわりにありふれた存在である。われわれの体には空からも大地からも、放射線が毎日ふりそそぎ、被ばくしている。まったく無害とはいえないが、日々の生活での被ばくはもちろん問題になるレベルではなく、日常の放射線を過剰に恐れる必要はない。

自然放射線のおもな由来 ▶

宇宙から
太陽から
大気から
人体から
食物から
建物から
大地から

青い炉心で揺蕩って

U ウラン

臨時研究員
92番元素　アクチノイド元素

アクティス列島全体の電力をまかなう
プール型の発電施設。放射性元素たち
が入ることによって、青く煌めく。

瑠璃の炉心
アスール原子力発電所
Azul nuclear power plant

制御された炉心プール

自身の体をとかすほどの発熱体質に悩まされるアクティス列島の放射性元素たち。かれらはプールで体温を下げ、そのときに発生する蒸気を利用して発電をおこない、列島全体の電力をまかなう。ほかの土地には見られない、画期的な発電施設。

青い光・チェレンコフ放射

高エネルギーの荷電粒子が水のなかを通過すると、青白い可視光が放たれる。この光をチェレンコフ放射といい、稼働中の原子炉内部は青く美しい光で満ちている。

核燃料に使える原子核

ウランの同位体によって中性子を捕獲したときの核分裂の有無や様式は異なる。質量数235のウランのみが核燃料として使えるが、自然界には約0.7%しか存在しない。このため、濃縮して使用されている。

^{92}U
ウラン

自然界に存在する放射性元素のなかで、最初に発見された元素。名の由来は天王星から

元の核種	中性子捕獲	安定性の変化

核分裂

最も安定 自然界に 99.3%存在			分裂しない
 ウラン238	238+1	 ウラン239	

不安定 自然界に 0.7%存在			核分裂！
 ウラン235	235+1	 ウラン236	 バリウムとクリプトンなど

非対称分裂
大きさの異なる2つの原子核に分裂する

超不安定 自然界にない 中性子過剰核			核分裂！
 ウラン260	260+1	 ウラン261	 パラジウムどうしなど

対称分裂
ほぼ同じ大きさの2つの原子核に分裂する

原子力発電所のしくみ

ウランからエネルギーを取りだせる理由

1つのウラン原子核が中性子を取りこんで核分裂すると、2～3個の中性子が飛びだす。この中性子はさらにほかのウランに当たり、連鎖的に核分裂が起こる「臨界状態」に到達する。こうして、核分裂による大きなエネルギーを取りだすことができる。

ウランの連鎖反応

ウランの濃縮

115ページで解説したとおり、核燃料として使えるのは自然界に0.7%しか存在しない、質量数235のウラン同位体である。持続的に核分裂させるには、ある程度の濃度が必要になる。そのため、原子炉で使われるウランは3～5%の濃度に濃縮されて使われる。

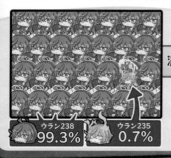

濃縮！

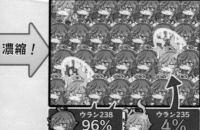

ウラン238	ウラン235
99.3%	0.7%

ウラン238	ウラン235
96%	4%

豆知識

ウランの精製時に生じる化合物は黄色い見た目から、**イエローケーキ**とよばれている。

※食べることはできません

核分裂の制御

原子炉に制御棒とよばれる中性子を吸収する材料でつくられた棒を入れることで、核分裂の量を調節している。

中性子を吸収！

制御棒

中性子も多ければいいってもんじゃないんだよね
分裂しすぎちゃうし

原子炉の安全対策

原子炉は厳重な基準と深層防護の考え方によって、幅広いリスクに対応した安全対策がほどこされている。

電源不要の原子炉停止装置
放射性物質の拡散防止
複数の電源装置
気圧調整
複数の壁
冷却装置
火災対策
地震対策
津波対策

etc…

原子力発電所の構造

原子炉にはおもに加圧水型原子炉（PWR）と沸とう水型原子炉（BWR）がある。構造は大きく異なるものの、蒸気でタービンを回す原理は同じである。ここでは沸とう水型原子炉のみを解説する。

沸とう水型原子炉の構造

核分裂の熱で水を沸とうさせ、大量の蒸気を生みだす！

蒸気でタービンをまわして発電！

タービン

発電機

核燃料（ウラン）

制御棒

圧力抑制プール

蒸気を冷却し水へもどす！

冷却水（海水）

海

ウラン

結局、水を沸とうさせタービンを回して発電しているだけなんだよね？

アインスタイニウム

うむ、エネルギー源はちがえど、発電方法は火力発電と同じなのだ。

体験談コラム 原子炉内部ってどんな感じ？

出入りには厚い扉を2枚以上くぐりぬける必要があり、内部は低気圧に保たれている。そのため、鼓膜に違和感を感じる。真っ白な巨大円柱の内側は閉鎖空間であるため、極端に静まり返っている。しばらく滞在して外に出ると、あらゆるささいな雑音が雨音のように聞こえる不思議な体験ができる。

木霊（こだま）する願いと叫（さけ）び

アクティス列島のかつての中心都市。いつもどおりの1日を過ごしていた人びとの住居、生活、息吹（いぶき）、未来、そのすべてが一瞬にしてうばわれた。

突如訪れた終焉
偽りの太陽
False Sun

原子爆弾とは

原子爆弾は核反応の膨大なエネルギーを利用して、爆風や熱放射、放射線を発生させる「兵器」である。従来の火薬による爆弾とは文字どおり桁ちがいの破壊力をもち、今までに投下され、被害を受けた国は世界で唯一、日本のみである。

原子爆弾が落とされると？

原子爆弾は爆発と同時に数百万度にも到達する火球となり、一瞬にして多量の熱線と放射線をまき散らす。爆心地の地上温度は 3000℃以上にもなり、人びとは身体が炭になり即死する。半径約 1 kmの範囲内にいる人びとも致命的な影響を受け、数日〜数か月のうちに死亡する。かろうじて、死に至らなくても親子数世代にわたる後遺症に苦しむ。はじめて地球に原子爆弾が投下されてから75年以上経過した今でも、多くの人びとに悪影響を及ぼしている。

喪ったもの、遺されたもの

原子爆弾の破壊力はすさまじく、爆弾投下後の広島は「75年間は草木も生えぬ」といわれるほどの惨状であった。爆心地から 2 km圏内の木造建築は全壊し、熱線と火災で人や木、建物がすべて焼きつくされた。当時としては珍しい鉄筋コンクリートの建造物のなかには骨組みとがれきが残されたものもあり、原爆ドームとして今も当時の姿のまま保存されている。原爆が投下された時刻で針が止まった懐中時計やもち主が即死したために中身を食べられることなく遺骨の傍に残っていた金属製の弁当箱などの遺品は現在も保管され、当時の悲惨な状況を物語っている。

原子爆弾による現象と「被ばく」の影響

黒い雨

原子爆弾の投下後には巨大なキノコ雲が
形成される。恐ろしいのは、その雲から
降りそそぐ黒い雨である。多量の放射性
物質をふくみ、触れるだけで命の危険に
さらされる死の雨が生き残った人びとの
命を蝕む。

DNA切断

放射線は生命にとって非常に重要な
DNAの二重らせん構造を切断する。
その結果、大量の細胞死による急性の
障害が発生したり、急性症状が出なく
ても数年〜数十年後に白血病や発がん
のリスクが増えたりする。

水を求める人びと

原子爆弾で大火傷を負った人びとは、
強烈なのどの乾きを覚えて、水を求
めるようになる。近くの川は水を求め
る人びとの大量の死体で埋まった。
水を求めて黒い雨を飲んだ人もいた
が、当時の被ばく者はその雨が多量の
放射性物質をふくむ猛毒であるとは知
る由もなかった。

原子爆弾のしくみ

原子爆弾に使われるウランは核分裂が可能な同位体ウラン235で占められているほど濃縮されている。さらに、核分裂反応にストッパーをかける役割をもつ制御棒はつけられていない。つまり起爆させたウランは臨界量以上の塊となって、核分裂反応が1つでも始まってしまうと、制御されないウランは一瞬にして核分裂し、致命的な爆風、熱線、放射線を周囲に放つ。

濃縮！　さらに濃縮！

| ウラン238 99.3% | ウラン235 0.7% | ウラン238 96% | ウラン235 4% | ウラン238 0% | ウラン235 100% |

自然界のウラン　**核燃料のウラン**　**原子爆弾のウラン**

起爆前はウランの欠片それぞれが臨界量（核分裂の連鎖反応が継続できる最小の量）に達していないため爆発しないが、起爆するとウランの欠片どうしが移動して合体し臨界量に達する。そして、猛烈な核分裂の連鎖反応が起こり、爆発するしくみになっている。

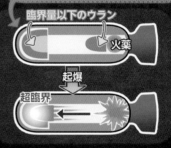

臨界量以下のウラン
火薬
起爆
超臨界

▲リトルボーイ式の原子爆弾

原子爆弾が落ちてきたら、どうする？

熱線と放射線を防ぐことが大事で、物陰に隠れるだけでも被害を大幅に減らすことができる。屋外にいる場合は、なるべく頑丈な建物か地下に避難する。屋内では窓から離れるか、窓のない部屋に避難する。近くに建物がない場合は、物陰に身を隠すか、地面のくぼみに身をふせる。着弾までは右図のようなポーズで頭部を下げる。そして閃光と爆音から目と鼓膜を守るために目と耳を手でふさぎ、肺がつぶれるのを防ぐために口を開けた体勢で待機する。

この知識が、未来永劫にだれの役にも立たないことを願う。

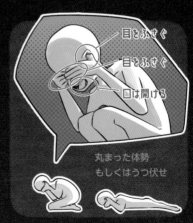

目をふさぐ
目をふさぐ
口は開ける

丸まった体勢
もしくはうつ伏せ

核融合を使う水素爆弾

水素どうしの核融合をおもなエネルギー源とする原子爆弾は水素爆弾とよばれている。現在の水素爆弾は原子爆弾の1000倍を軽く超える威力をもつ。核爆弾のウランは起爆前の状態で塊を臨界量以下にしなければならないという制限がある。一方、水素爆弾の燃料はいくら多くても高温高圧状態にならないかぎり核融合することはないため、制限なく燃料を詰めこむことができる。その結果として、原子爆弾を超える破壊力を生みだせるのだ。まだ戦争で利用されていないものの、「一瞬で都市が 1つ消える」ような核爆弾が、世界中にたくさん存在しているのが現実である。

ユニットドーム
汚染されたクレーターの放射性沈殿物（ちんでん）を円形のコンクリートでうめた土地。

サンゴ礁（しょう）
美しい海のサンゴ礁は水素爆弾によって「死の灰」となり、周囲に甚大な被害をもたらした。

99Es
アインスタイニウム

太平洋マーシャル諸島でおこなわれた世界初の水素爆弾実験で発生した放射性降下物の塵（ちり）、通称（つうしょう）「死の灰」から発見された元素。天然には存在しない。その名の由来であるアインシュタインは発見者でなく、発見前に亡くなったかれの功績をたたえるためだった。ところが、アインシュタイン本人は自身の理論が使われた原子爆弾が多くの人を殺傷したことに心を痛め、晩年まで核兵器廃絶を唱えていた。そんなかれの名が水素爆弾の実験で生まれた元素名に採用されたのは皮肉か、廃絶（はいぜつ）への願いか。いずれにせよ、残酷（ざんこく）な事実である。

終楽章

「何度引きもどされても、目指したい魔法数がある」

離島の旅人

最果ての航海

不安定の海に住まう人びとの目標は、はっきりしている。海流に耐えうる特殊な加速船に乗り、海の果てにいる「新元素」を見つけること、もしくは伝説上の安住の地、「安定の島」までたどり着くこと。

やっとの思いで目的とする島にたどり着いても、すぐ波に飲まれほかの島へ流されてしまう。…ところが、どの方向の波に何回飲まれたかを記録していけば、われわれがどこへたどり着いたかがわかる。そうやって新しい島を見つけていくのだ。

新元素の同定

加速器で元素を合成する場合、つくりだした元素そのものは検出できない。つくりだした原子核がどのようなエネルギーでどのようなかたちで崩壊して、どの原子核へたどり着いたかを調べ、それがデータと合致していることを確認してはじめて新しい元素ができたとわかる。

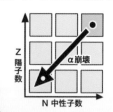

核図表上での原子核崩壊とその行き先

虚海の泡沫人

不安定の海では、はかない雰囲気をまとう不思議な元素に出会うことがあるかもしれない。狙って会いに行くのは難しいが、一緒に訪れる元素が重要な鍵となるらしい。

超重元素とは？

周期表の"果て"にある104番以降の元素は「超重元素」とよばれる。現在見つかっている超重元素はすべて不安定な元素で、自然界にはまったく存在しない。原子炉や加速器で核融合してつくられるこれらの元素はすぐに崩壊する。さらに、「周期律」から予測される性質とはまったく異なる性質を示すことも…。

核図表の歩き方

05

目指すは安定の島

不安定の海

アスティオン大陸の北東へ広がる大海原。
現れては消える不安定の島を出発し、
未知と安定を求める旅は危険と浪漫
にあふれている！

MAP OF ISOTOPES

超重元素の 核図表

超重元素が探検する「不安定の海」の海図。この海図は未完で、まだ見ぬ新元素の島や安定の島へ到達することがあれば、新たな島が描き足されるだろう。

海 流

原子核はα崩壊、β崩壊などをランダムに起こしているわけではなく、核種によって優勢な崩壊形式がある。

この部分

cold fusion reaction

不安定の島

これまでに合成および発見された核種に対応する不安定な島。

海底の深さ

原子核の殻補正エネルギーに対応しており、海底が浅い＝殻補正エネルギーが高いほど、原子核は核分裂しにくい。超重元素が存在できるのも、この補正エネルギーのおかげである。さらに、「安定の島」の核種が安定だと推測されるのも、この殻補正エネルギーが大きいためである。

126

安定の島

陽子数114、中性子数184の付近に存在するといわれる未踏の島。この島の近くにある原子核は数分から数時間程度と、周囲の原子核よりも半減期（寿命）が非常に長いと予測されており、多くの者がこの島への到達を目指している。

寒流と暖流

人工的に超重元素を合成する場合、ホットフュージョン法とコールドフュージョン法がある。ホットフュージョン法のほうがより中性子過剰な核種が生成され、コールドフュージョン法とは異なるルートで崩壊していく。

特集1: 新しく発見された 113番目の島

「大丈夫、あなたならできる」

Nh ニホニウム

113の島の泡沫人
113番元素　13族　超重元素

島の座標
Z=113

N=165

寒流域に存在する小さな島。島の小さな神社の賽銭箱に100ロム硬貨1枚と10ロム硬貨1枚、1ロム硬貨3枚を入れると…？

桜散る113の島

仁科島

加速船の末路
湾状の海域には、波に飲みこまれた加速船の残骸がたくさん沈んでいる。

眠らない寝台列車
6つの駅を通る鉄道。朝も夜も休むことなく運行している。

名もなき神社
枯れ木に囲まれた小さな神社。賽銭箱だけがたたずんでいる。

忘れられた回転木馬
だれも乗る者なくまわり続ける木製の回転木馬。

113番の島の泡沫人が現れるときのみ、荒れた島は美しい姿を取りもどし、桜が咲き乱れるといわれている。

新元素の見つけ方

2003年から2012年にかけておこなわれた実験の末、日本の名が冠された新元素「ニホニウム（Nh）」が113番元素として発見された。1秒もしないうちに崩壊してしまうニホニウムは自然界に存在しない。そのため「発見された」というよりは、「つくりだした」と表現するほうが正確である。ニホニウムのような超重元素は存在する元素の原子核を材料にして「加速器」で加速し、別の原子核と核融合させてつくりだされる。

加速器の種類

円形加速器（サイクロトロン）
イオンの軌道
電極（電圧が交互に変化）
Ogなどを合成

線形加速器
電極（電圧が交互に変化）
イオン源
Nhなどを合成

仁科島への帰り道

寒流域に位置する仁科島は、暖流域の島とはちがい、崩壊で既知の島へたどり着くことができる。ただし、それも運次第であり、船全体が波に飲みまれて核分裂という末路をたどることも…

新元素の証明方法

新しい元素を発見したとしても、新元素そのものをとらえることはできない。ニホニウムのようにコールドフュージョン法でつくられた原子核は、崩壊によって「すでに知られている核種」へたどり着くことで、つくられたと証明される。

仁科島

$^{278}_{113}Nh$ → α崩壊
$^{274}_{111}Rg$ → α崩壊
$^{270}_{109}Mt$ → α崩壊
$^{266}_{107}Bh$ → α崩壊
$^{262}_{105}Db$ → α崩壊 67% 核分裂 33%
$^{258}_{103}Lr$ → α崩壊

既知の島 $^{254}_{101}Md$

「三」度目ノ正直
ニホニウム

113 Nh
Nihonium

✦ **「大丈夫、あなたならできる」**

不安定の海113〜165の海域にある、神社の残された島で見つかった元素。愚直で前向きだけど、ちょっと浮いている。亜鉛とビスマスに何かの縁を感じているらしい。

🦋 **待ち人、来たる**

名前のとおり、日本で合成、発見された元素。100年の宿願と10年という実験の歳月を経て、113番元素の席に現れた。寿命は短く、性質はまだ不明な部分が多い。

誕生年：2004年	身長：138 cr
誕生日：4月2日 7月23日 8月12日	好き：金色 性格：愚直でねばり強い

グループ：
超重元素

名の由来：
日本

融点/沸点：
不明

装置群簡易図

線形加速器RILAC

ECRイオン源

気体充塡型反跳分離器GARIS

同じ故郷の桜

ニホニウムと同じ理化学研究所のRIビームファクトリー（RIBF）で生まれた新種の桜、仁科乙女、仁科蔵王、仁科小町、仁科春果。桜は日本の国花であり、日本の新元素は仁科芳雄博士の悲願でもあっただろう。

「三」度目の正直

日本の元素は「3」に縁がある。43番と93番元素。いずれも認められなかったが、今回は11「3」番元素…そして3回目のニホニウム合成によって発見が認められた。

ECRイオン源

亜鉛70を青色のビームにする機材。全体の服装は上から下へ合成順と同じ装置群が並ぶようになっている。

RILAC

線形加速器。6つの黄色い加速器と円形の装置が模様に反映されている。つづりは異なるが、略語の元であるライラックの花模様も入っている。

GARIS

たくさんの粒子からニホニウムだけを分離する気体充填型反跳分離器。

シリコン検出器

升のような形をした金色の箱に5枚のシリコン半導体が配置された検出器。α線を検出し、その位置とエネルギーを計測する。

願いと祈りの113

ニホニウム合成グループリーダーの森田浩介博士は願かけとして神社に113円を奉納していた。ドレープの模様は硬貨の柄。

亜鉛と蒼鉛

ニホニウムの材料である亜鉛とビスマスは、古くからともに鉛と混同された。そのため、鉛のつく日本名が使われていたというのも、物語に深みを感じる。

瞳

ニホニウムが目を隠しているのは、まだその性質がハッキリしていないから。瞳の色もいつか見えるときがくるかもしれない…。

和光市のシンボル

ニホニウムの故郷である和光市のシンボルマークには、市の花と木であるツツジとイチョウが組みあわさっている。

ニホニウムの2つの道

ニホニウムの道は2つある。ビームや合成したニホニウムが通る加速器群と、和光市のニホニウム通りだ。

黄金の翼

化学実験によると、ニホニウムは揮発性が高く、金と強く反応するといわれている。

誕生の赤色印

実験中はニホニウムの誕生を示す画面に赤いバツ印が出るのを、ひたすらじっと待ち続けたという。

100点満点の解答用紙

重要なのは既知の核種にたどり着くこと。3度目のイベントが、ニホニウムが生まれたことを証明する100点満点の解答になったのだ。

2人の「鉛」が歩んだ道

ニホニウムの原料は30番元素の亜鉛と83番元素のビスマス（別名：蒼鉛）である。原子番号を足し算すると、ニホニウムの陽子数113になる組合せだが、当然足して113になればどんな元素の組合せでもよいというわけではない。使う核の陽子数の差によって核融合の難易度が変わるうえに、使う核の中性子数しだいで、たどる崩壊のルートも変わる。亜鉛70と蒼鉛209は核融合の難易度は高いが、後者の点で適していた。かつて鉛と混同され、それゆえ和名で縁のある似たものどうしの元素が日本の名を冠する元素の親に選ばれた事実に、壮大な浪漫を感じずにはいられない。

触れることの難しさ

人間だれしも、他者に侵されたくないパーソナルスペースがある。それと同じように、原子核どうしは一定の距離以内に近づくとクーロン力によって反発し、その力は原子核の陽子数の積に比例して大きくなる。一般に、その積が1500を下回ると比較的簡単に核融合ができるが、亜鉛とビスマスの原子番号の積は2490。2つの原子核がもつ陽子数の差が小さい組合せほど、近づくのは難しいのだ。

ニホニウム合成への道

ECRイオン源

電子サイクロトロン共鳴イオン源。ニホニウム合成には30番元素の亜鉛の質量数70の同位体がビームとして利用された。

重イオン線形加速器RILAC

高周波電場を用いて重イオンを直線加速させる加速器。「そっとくっつける」のに最適な速度にビームを加速して標的に照射する。

気体充塡型反跳分離器GARIS

たくさんのビームからたった1粒のニホニウムを分離、収集する装置。Heガスで満たされており、目的核がどんな価数であっても効率よく収集できるのが特徴。

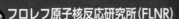

フロレフ原子核反応研究所(FLNR)

ニホニウム合成に使われた装置はどれも研究者が自ら設計した純国産の装置群であるが、その設計に向けて、ロシアの研究所で技術を学んだという。

ニホニウム通り

ニホニウム発見を記念して、理化学研究所のある和光市につくられたニホニウムのシンボルロード。駅から理化学研究所までの道に、原子番号順に元素のプレートが配置されている。

メリーゴーラウンドで捕まえて

ニホニウムの原料であるビスマスと亜鉛は1分間に3000回転する「回転盤」の上で奇跡的に巡りあい、厳しい障壁を超えてようやく「そっとくっつく」ことができる。新元素を合成するときは、原子核をぶつける、あるいは衝突…といった表現が使われる。しかし、実は「そっとくっつける」という表現のほうが感覚的には正しいかもしれない。元素合成は非常に繊細だ。ビームのエネルギーが低すぎると、2つの原子核はくっついてくれない。逆にエネルギーが高すぎると、できた原子核は簡単に壊れてしまう。標的核に入りこむようなぎりぎりのエネルギーで「そっとくっつける」のが人工元素合成だ。

ニホニウムで見る核融合反応の進行

元素は「見つける」時代から、「つくる」時代へ変わっていった。さて、どうやって元素をつくるのか？簡単だ。すでにある原子に、もう1つ原子をくっつけてしまえばいい。そう考えると、ニホニウムの合成も30＋83＝113という単純な足し算に見えるかもしれない。では、たった3つのニホニウムを合成するのに、なぜ10年もかかったのだろうか？　2つの原子核が巡りあい、1つの原子核になることがいかに険しい道のりなのかを、ニホニウム合成における核融合反応をたどりながら見ていこう。

亜鉛とビスマス	捕　獲	融　合 (複合核形成)	蒸発残留核 (目的核種)
互いの原子番号の積が大きいと、強力なクーロン反発力が働く。したがって、近づくのはかなり難しい…	触れあった状態。運動エネルギーは内部エネルギー（熱）に変換される	励起状態の複合核。この時点ではまだ合成が認められない	中性子が放出して冷却された基底状態の核。祝！　合成成功！

0.1%以下　　　0.1%以下　　　0.1%以下

$^{70}_{30}\text{Zn}$　$^{209}_{83}\text{Bi}$　標的核

$^{278}_{113}\text{Nh}$

99.9%以上　　図のとおり、残念ながらほとんどは下に分岐し、新元素は合成されない　　99.9%以上　　99.9%以上

準弾性散乱	準 分 裂	分　裂
エネルギーのやりとりがないまま、すれ違ってさようなら。ほとんど全部が準弾性散乱で触れることなく別れる	準核分裂 (quasi-fission) とよばれる分裂。近づけば近づくほどクーロン反発力は大きくなるため、そう簡単には一体になれないということだ	融合分裂 (fusion-fission) とよばれる分裂。核力により引き寄せられて、やっとのことで一体になっても、熱をもちすぎた核は不安定だ

このように、単純に「くっつける」といっても、2つの原子核が1つになるにはさまざまな障壁があり、そう簡単には目的核のニホニウムにたどり着けない。実際のデータとして、理化学研究所では1秒間に2.4兆個の亜鉛ビームを約9年間24時間体制で照射し続け、衝突できた回数はたった400兆回。そして最終的に得られたニホニウムは、たったの3粒のみだった。ニホニウムは奇跡の存在なのだ。

標的核　　入射核　　目的核　　ニホニウムファミリー！

特集２：最果ての島へ

僕たちは遠くの島を目指し続ける。

まだ見ぬ新元素(あなた)に、逢(あ)いたいから―

Og オガネソン

118の島の泡沫人
118番元素　18族　超重元素

島の座標

Z=118

N=176

暖流域に存在する小さな島。たとえそこが第七周期の末端であれ、最果てを目指す旅はまだまだ終わらない。

極限をめざして

最果てはどこ？

新元素の探索はまだまだ続くが、元素が無限に増え続けるわけではない。その上限は理論上、137または172といわれている。

たしかに近づくほど分裂障壁の海底が浅くなる

安定の島

分裂障壁の大きさ E_{sf} MeV

まほろばの安定の島

魔法数とは、原子核が比較的安定に存在できる核子の個数である。超重元素の領域では、陽子数114、中性子数184の二重魔法数の周囲に、超重元素が比較的長時間崩壊せずに存在できる「安定の島」があると予想されている。

熱い核融合と冷たい核融合

超重元素をつくるには2通りの手法があり、それぞれに利点や特徴がある。

ホットフュージョン法……陽子数が離れている組合せでの核融合

クーロン反発力が小さいため複合核を大量につくれるが、励起(れいき)エネルギーが高く2〜5個の中性子を放出する必要がある。重い原子核をつくるにあたり、コールドフュージョン法よりも合成確率は高くなるが、崩壊系列で既知核にたどり着けないデメリットもある。

コールドフュージョン法……二重魔法数で安定な標的核を使う核融合

クーロン反発力が大きく複合核をつくること自体難しいが、励起エネルギーは低く1個の中性子放出ですむ。また崩壊系列で既知核にたどり着けば、新元素合成の証拠(しょうこ)として強力だ。

海底より描く理想郷へ
オガネソン

118 Og
Oganesson

誕生年： 身長：168 cr
2006年 好き：絵画
グループ： 性格：真面目
超重元素 冒険家

物性：
常温で固体
と考えら
れる

名の由来：
オガネシアン博士

✦ 親愛なる魔法数のあなたへ

不安定の海118〜176の海域にある島で見つかった元素。生き別れた師匠フレロビウムがいると信じて安定の島を探し、不安定の海を航海し続けている。

🍃 第七周期、最果ての島

ロシアで合成、発見された118番元素。合成者でもある核物理学者ユーリイ・オガネシアンから命名された。ニホニウムとは異なり、円形加速器を用いてホットフュージョン法によって合成された。

オガネソンの故郷 フレロフ原子核反応研究所

フレロフ原子核反応研究所（FLNR）は1957年に設立された核物理学の研究所。多くの超重元素を合成し、今までに105番元素ドブニウム、114番元素フレロビウム、115番元素モスコビウム、118番元素オガネソンの命名権を得た。

命名元とおそろいの眼鏡

命名元のユーリイ・オガネシアン博士は存命中に元素名の由来として採用された2人目の人物であり、超重元素合成法の理論、安定の島に関する理論など核物理の発展に大きく貢献し続けている。

青い海、赤い渦潮

オガネソンの合成にはU400Mとよばれる円形加速器が使われた。この400は直径を、Mは修正を意味し、修正前のU400と比べて加速された原子核が磁石に対して直角に入るよう修正されている。

U400  U400M

四つ葉の磁石と青い分離器

標的核の回転板を超えるとビームと目的核（オガネソン）を分離する気体充填型分離器が一定の角度で配置されている。

六角形の検出器

検出器から得られるデータは美しく配置された多数のコードによって送られる。

船を描くペン

オガネシアン博士は絵を描くのも好きで、かつては美術大学への進学を目指していたそうだ。

理論と実験

オガネシアン博士は超重元素合成に取り組む姿勢について、理論的研究と実験的研究の両方が重要であると述べている。

協力と挑戦

オガネソンが合成されたフレロフ原子核反応研究所は、青いロゴマークが特徴的なドゥブナ合同原子核研究所(JINR)に属している。

骨の翼

オガネシアン博士は二重魔法数かつ中性子豊富なカルシウム48を入射核として使うことで、効率よく元素を合成している。

ドゥブナのシンボル

ドゥブナはロシアのモスクワ州にある都市で、科学都市に指定されている。市章にも原子核の模様が描かれている。

暖流域の崩壊過程

ホットフュージョン法で合成されるオガネソンは、崩壊した先の未知核で核分裂してしまうため、既知核にたどり着けない。しかし、そのルートでも何十回何百回とたどりデータを集めることで新元素を合成した確固たる証拠となるのだ。

安定島の加護

オガネソンの半減期は0.00089秒。超重元素には1分はおろか1秒もこの世に存在できないようなはかない原子も多く存在するが、実はこれでも安定の島の影響によって半減期が大幅に伸びた値なのだ。もし安定の島がなければ、超重元素合成はもっと難しかっただろう。

理化学研究所 ニホニウム合成グループリーダー（当時）

森田 浩介 博士
インタビュー記事

インタビュー動画はこちら！

ニホニウムの擬人化イラストを制作するにあたり、合成者の森田浩介博士にさまざまな質問やラフイラストへの助言をいただいた。ここではそのやり取りの一部をまとめている。

——祈願のため神社に113円を奉納した話は有名ですが、ほかにニホニウムにまつわる行動などのエピソードはありますか？

森田 新潟の国道113号線を通ったりしたね。道路標識の113を見て、あっと思ったり。新幹線も、のぞみ113号に乗った。日ごろから113を意識していたよ。

——ニホニウム合成実験には、どのような姿勢で挑んでいたのでしょうか？

森田 だいたい、じーっと待っているだけ。逆に何か調整しなければならないことがあれば、準備が足りないってことだから。パソコンの画面にニホニウムの誕生を知らせる赤いバツ印（α崩壊の位置と回数を意味する）が出てくるのをじっと見つめていた。

——実験で困難だったことは何ですか？

森田 ビームのエネルギー出力だね。本当にこの程度でよいのかと悩んだよ。ガンとぶつけるんじゃなくて、そっとくっつけないといけないから、速すぎても遅すぎてもダメ、正解は神様だけが知っている。

——合成成功の秘訣は何ですか？

森田 "諦めの悪さ"だね。

——森田博士にとって、新元素を見つける意義とは何ですか？

森田 100いくつという少ない数の元素を、新しく周期表に加えて、子どもたちに興味をもってもらうこと。それが研究の大きな意義になる。

——元素好きにひとことお願いします！

森田 基礎科学を好きな人が増えてほしい。そして、若いうちに本当に好きなものを見つけてほしいね。

森田浩介博士の助言で完成させたニホニウム　ラフ　完成版

オガネシアン博士の助言で完成させたオガネソン　ラフ　完成版

ユーリイ・オガネシアン 博士
インタビュー記事

オガネソンの擬人化イラストを作成するにあたり、合成者かつ命名元であるユーリ・オガネシアン博士にさまざまな質問への回答やコメントを、電子メールを介していただいた。このページでは、やり取りの一部を和訳してまとめている。

──新元素合成において最も重要視していることは何ですか？
オガネシアン　簡単にいうと、"科学的な手法"が一番大切だと思います。新元素の合成は理論的研究と実験的研究の両方が必要になる、大規模なチームの仕事です。

──オガネソンなどの超重元素合成をおこなうときのエピソードはありますか？
オガネシアン　どんな仕事もそうですが、創造的な仕事は喜びや楽しみをもたらすものでなければなりません。長く困難な道のりの果てに、それまでなかったものを見つけることができた事実が最も重要なことです。

──線形加速器ではなく円形加速器を選んだ理由は何ですか？
オガネシアン　どちらの装置も新元素合成に適していますが、私たちの研究室（FLNR）はサイクロトロンの設計、建設、使用に豊富な経験があり、さらに運転コストや標的（ターゲット）の過熱などの問題を解決できるためです。

──擬人化キャラクターのオガネソンの要素について…
オガネシアン　私が加えることや修正する点はありません。すべての芸術家は、自分の描くものに対する自分のビジョンをもつ権利があります。これがあなたの創造性であり、創作を面白くさせているところでもあります。"元素に人間らしさをあたえる"というのは興味深く、創造的な解決策だと思いました。この創作に幸運を祈ります！

超重元素のつくり方

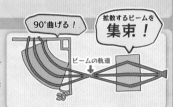

イオン化された挙句、光速の約10%まで加速されている

亜鉛さん

①ビームをつくろう！

ビームとは電荷をもったイオンの流れのこと。セシウム（アルカリ金属）を入射核の塊にぶつけて負イオン化したり、放射核の電子をはぎ取って正イオン化したりするなどの方法でイオン化した原子を加速する。

②ビームを輸送しよう！

ビームはまっすぐしか進まないわけではなく、磁場をかければ曲げることができる。また、分散するビームも集束させれば実験装置まで届けることができる。

90°曲げる！

拡散するビームを集束！

ビームの軌道

③適切なエネルギーで核融合！

原子核間の距離とエネルギーを図に表すと右図のようになる。このエネルギーの障壁を超えなければ核融合はできないが、余分に高いエネルギーで合成すると崩壊する可能性が高くなってしまう。障壁をギリギリ超えるエネルギーでそっとくっつけるのが理想。

大
中
小
ビームのエネルギー

崩壊
エネルギー高すぎ
融合
適切
障壁
低すぎ

クーロン反発力 ● 核力による吸引 の合計
接触
原子核間の距離

④目的核を分離しよう！

つくった目的核は分離しなければ、核融合しそこねた、たくさんのビームと混ざってしまう。電場と磁場のなかでの原子核の曲がりにくさがイオンの種類によって異なることを利用して、つくりだした目的核のみを取りだし、検出器へ運ぶ。

電場で曲げる！
（または磁場）

ぎゃっ

ビームの残り

目的核

⑤α崩壊を検出して同定しよう！

つくるだけでは元素合成を証明できない。同定するまでが元素合成！ 目的核がシリコン検出器に到達すると、放出されたα粒子の位置とエネルギー、放出されるまでの経過時間の情報を得ることができ、これらの情報からどの核が生成されたかを推定できる。

Siストリップ検出器

どこでα崩壊したかがわかる！

タイミング検出器

カーテンコール

あとがき

　さてさて、『元素楽章』の世界はいかがでしたでしょうか！

　科学の本としてはもちろん、擬人化本としても異質な仕上がりだったと思いますが、この本のコンセプトは「元素の攻略本」です。勉強は苦手だけれどゲームは好き！という私と同じタイプのかたにはきっと共感していただけると思います。勉強のために本を読むのはたいへんでも、好きなゲームの攻略本なら、ワクワクしながら読めてスルッと頭に入りますよね？

「このキャラクター好き！」「この世界をもっと知りたい！」という気持ちの原動力はすさまじいもので、私たちに立ちはだかるさまざまな障壁をいとも簡単に打ち壊してくれます。この本も初学者向けですよ〜という顔をしながら、大学の講義でも習わないようなニッチな知識を詰め込んでいましたが、いかがでしたでしょうか？　内容を思ったより簡単に理解できたり、この本がきっかけで元素に興味をもてたりしたのであれば、この上なく光栄なことです。また、もしご意見がありましたら感想を送っていただいたり、つぶやいたりして、ぜひ聞かせてください！　「このキャラが好き！」とか「この設定は好み！」という言葉もまた、作者にすさまじい創作意欲をあたえてくれるのです。

　さて、これからも『元素楽章』の物語は止まりません。ゲームもつくりたいし、元素図鑑もつくりたい。元素楽章の「元ネタ」になりそうな論文も書いてみたいですね！

それでは…
またアスティオン大陸で会う日まで。

2024年春

揚げ鶏々

144

謝　辞

　本書の出版を推薦してくださった玉尾皓平先生、宇宙の元素合成について教えていただき、第4楽章を監修してくださった理化学研究所の西村信哉先生、熱電変換について教えていただき、動画制作を監修してくださった京都大学の黒﨑健先生と熊谷将也先生、お忙しいなかニホニウムのキャラクターデザインを監修し、インタビューにもお答えくださった九州大学の森田浩介先生、第5楽章を監修してくださった近畿大学原子力研究所の若林源一郎先生、終楽章を監修してくださった九州大学の坂口聡志先生、日本原子力研究開発機構の西尾勝久先生、全ページを監修していただき、たくさんご指摘くださった元素学たん様、オガネソンをデザインするためにインタビューに答えてくださったユーリイ・オガネシアン先生、オガネシアン先生との連絡をつないでくださったチェレパノフ先生、他学科の学生にもかかわらず、超重元素や原子核物理を親身に教えていただき、元素楽章のコンテンツに魅力を見いだしてくださり、さまざまな縁をつなげてくださった近畿大学の有友嘉浩先生、こんな自由な本を出版する機会をくださった化学同人の栫井文子さん、最初はだれにも見向きもされなかった私の創作を見つけて、応援や賛辞、ファンアートまで送ってくれたフォロワーの皆様、どんなときも私の身と心を支えてくれた家族のみんな。

　書ききれないほどのたくさんのご縁と皆様の優しさによって、この本をこうした形で世にだすことができました。本当に、ありがとうございます。

　そして、こんな素晴らしい世界を創り『元素楽章』を奏でてくれた親愛なる118人の元素たちに最大限の愛と感謝を贈ります！

参考文献紹介コーナー

『[ビジュアル版] 元素から見た化学と人類の歴史──周期表の物語』
アン・ルーニー 著、八木元央 訳、原書房（2019）
太古から近代に至るまでの元素たちと人びととの関係や物語が美しい写真とともに語られている名著です。さまざまな表現がファンタジックで、『元素楽章』を気に入ってくださった方には、まちがいなく心に響くでしょう。

『世界で一番美しい元素図鑑』
セオドア・グレイ 著、ニック・マン 写真、若林文高 監修、武井摩利 訳、創元社（2010）
私が元素を好きになったきっかけの本です。その名のとおり、美しい写真と読み進めるのをやめられない魅力的な解説が特徴で、数ある元素図鑑のなかでも最初におすすめしたい本です。

『化学元素発見のみち』
D・N・トリフォノフ、V・D・トリフォノフ 著、阪上正信・日吉芳朗 訳、内田老鶴圃（1994）
ときに華麗で、ときに劇的な、それぞれの元素と人びととの出会いの物語を知ることができます。

『元素創造──93〜118番元素をつくった科学者たち』
キット・チャップマン 著、渡辺 正 訳、白揚社（2021）
終楽章の内容に関連します。なかなか知ることのできない超ウラン元素の人工合成の物語に、深くつかることができます。

『僕らは星のかけら──原子をつくった魔法の炉を探して』
マーカス・チャウン 著、糸川 洋 訳、SBクリエイティブ（2005）
第4楽章の内容に関連します。読み終えるのに専門知識を必要とせず、当たりまえに存在する原子たちが、いかに「奇跡」の存在であるかを知ることができます。

『元素の名前辞典』
江頭和宏 著、九州大学出版会（2017）
その名のとおり、元素の名前にフォーカスした本です。マニアックで情報量が豊富でありながら、だれでも楽しく読める名著です。

『元素のすべてがわかる図鑑——世界をつくる118元素をひもとく』、若林文高 監修、ナツメ社（2015）

『元素118の新知識——引いて重宝、読んでおもしろい』、桜井 弘 編、講談社（2017）

『元素のふるさと図鑑』、西山 孝 著、化学同人（2022）

『新元素ニホニウムはいかにして創られたか』、羽場宏光 著、東京化学同人（2021）

『ニホニウム——超重元素・超重核の物理』、小浦寛之 著、須藤彰三・岡 真 監修、共立出版（2021）

『元素のことがよくわかる本——原子番号「1〜118」のすべてを、やさしく解説！』、ライフ・サイエンス研究班 編、河出書房新社（2011）

『元素がわかる』、小野昌弘 著、技術評論社（2008）

『図解雑学 元素』、富永裕久 著、ナツメ社（2005）

『元素の話』、斎藤一夫 著、培風館（1982）

『嫌われ元素は働き者』、日本化学会 編、大日本図書（1992）

『放射線利用の基礎知識——半導体、強化タイヤから品種改良、食品照射まで』、東嶋和子 著、講談社（2006）

『交響曲第6番「炭素物語」』、ロバート・M・ヘイゼン 著、渡辺 正 訳、化学同人（2020）

『炭素文明論——「元素の王者」が歴史を動かす』、佐藤健太郎 著、新潮社（2013）

『スプーンと元素周期表——「最も簡潔な人類史」への手引き』、サム・キーン 著、松井信彦 訳、早川書房（2011）

『なぞとき宇宙と元素の歴史』、和南城伸也 著、講談社（2019）

『ヴィジュアル新書 元素図鑑』、中井 泉 著、ベストセラーズ（2013）

『面白くて眠れなくなる元素』、左巻健男 著、PHP研究所（2016）

『金属なんでも小事典——元素の誕生からアモルファス金属の特性まで』、ウォーク 著、増本 健 監修、講談社（1997）

『元素の事典——どこにも出ていないその歴史と秘話』、細矢治夫 監修、山崎 昶 編著、日本化学会 編、みみずく舎／医学評論社（2009）

『図説 錬金術』、吉村正和 著、河出書房新社（2012）

『錬金術——秘密の「知」の実験室』、ガイ・オグルヴィ 著、藤岡啓介 訳、創元社（2009）

『錬金術——おおいなる神秘』、アンドレーア・アロマティコ 著、後藤淳一 訳、種村季弘 監修、創元社（1997）

『錬金術大全』、ガレス・ロバーツ 著、目羅公和 訳、東洋書林（1999）

『錬金術と神秘主義——ヘルメス学の陳列室』、アレクサンダー・ローブ 著、Masayuki Kosaka 訳、タッシェン・ジャパン（2006）

『元素と金属の科学』、坂本 卓 著、日刊工業新聞社（2014）

『希土類の話』、鈴木康雄 著、裳華房（1998）

『鉄といのちの物語——謎とき風土サイエンス』、長沼 毅 著、ウェッジ（2014）

『生元素とは何か——宇宙誕生から生物進化への137億年』、道端 齊 著、NHK出版（2012）

『微量元素の世界』、木村 優 著、裳華房（1990）

『中学生・高校生のための 放射線副読本』、文部科学省

『分子は旅をする——空気の物語』、岩村 秀 著・監修、吉田 隆 著、エヌ・ティー・エス（2018）

『元素はいかにつくられたか——超新星爆発と宇宙の化学進化』、野本憲一 編、岩波書店（2007）

『空気と人類——いかに〈気体〉を発見し、手なずけてきたか』、サム・キーン 著、寒川 均 訳、白揚社（2020）

『化学の目で見る気体——身近な物質のヒミツ』、齋藤勝裕 著、技術評論社（2020）

『化学史への招待』、化学史学会 編、オーム社（2019）

41 Nb　ニオブ　16

42 Mo　モリブデン　70、74

43 Tc　テクネチウム　20、71

47 Ag　銀　15

51 Sb　アンチモン　11、60、61

55 Cs　セシウム　viii

57 La　ランタン　18、80

58 Ce　セリウム　18

59 Pr　プラセオジム　19、82

60 Nd　ネオジム　19、80、82

73 Ta　タンタル　16

76 Os　オスミウム　108

78 Pt　プラチナ　14

79 Au　金　14

80 Hg　水銀　10、88、92

82 Pb　鉛　10、75

83 Bi　ビスマス　5、42、44、61、132、134

84 Po　ポロニウム　20、46

86 Rn　ラドン　8、35

92 U　ウラン　21、112、114、115

99 Es　アインスタイニウム　21、117、122

113 Nh　ニホニウム　22、128、130、135

118 Og　オガネソン　22、136、138

立ち絵なし
F フッ素 38
Na ナトリウム 88
K カリウム 73
Cr クロム 78
Se セレン 75
W タングステン 78
Md メンデレビウム 112

149

著者紹介

揚げ鶏々 agedoridori

2002年、広島県生まれ。執筆当時、近畿大学理工学部応用化学科
1〜3年生。元素と唐揚げを愛するイラストレーター＆クリエイター。
2021年3月より元素擬人化創作『元素楽章』を展開中。
本の内容で、すでにバレていそうな推し元素は、亜鉛とビスマス。

Webサイトに遊びに来てね
元素たちの紹介もあるよ！

元素楽章LINEスタンプも
好評発売中！

本書のご感想を
お寄せください

元素楽章——擬人化でわかる元素の世界

2024年6月10日　第1版　第1刷　発行
2024年7月30日　　　　　第3刷　発行

検印廃止

著　者　　揚　げ　鶏　々
発行者　　曽　根　良　介
発行所　　（株）化学同人

〒600-8074　京都市下京区仏光寺通柳馬場西入ル
編 集 部 TEL 075-352-3711　FAX 075-352-0371
企画販売部 TEL 075-352-3373　FAX 075-351-8301
振替　01010-7-5702
e-mail　webmaster@kagakudojin.co.jp
URL　https://www.kagakudojin.co.jp
印刷・製本　（株）シナノパブリッシングプレス
DTP　朝日メディアインターナショナル株式会社

ISBN 978-4-7598-2356-1